国家重点基础研究发展计划 973 项目(2014CB047100)资助
国家自然科学基金科学仪器专项(51327007)资助
国家自然科学基金面上项目(51674189)资助
国家自然科学基金青年项目(51304154)资助
陕西省青年科技新星项目(2016KJXX-37)资助

含瓦斯煤岩破裂过程微震监测与分析

刘　超　著

中国矿业大学出版社

内 容 简 介

本书通过理论分析、数值模拟、数理统计理论、非线性分形理论以及现场工业性试验等手段,提出了煤与瓦斯突出致灾机理及危险性预警的新思路、新方法和新技术。揭示了采动煤岩瓦斯突出机理与灾变特征,分析了煤与瓦斯突出致灾过程的微震效应和微震监测原理,设计、改进并研发了煤矿井下微震监测系统,建立了煤与瓦斯突出危险性评价指标及预警模型,利用微震监测技术,对掘进巷道及含断层掘进巷道煤与瓦斯突出危险性进行了评价与预警,研究了覆岩采动裂隙演化特征及瓦斯富集区分布规律,分析了地面煤层气水力压裂钻孔间裂缝形成及扩展规律,并提出了矿井动力灾害应急救援微震监测方法。形成了矿井煤与瓦斯突出致灾机理、监测技术、危险性评价与预警方法、动力灾害应急救援方法的成套理论与技术体系。

本书补充和完善了煤与瓦斯突出灾害的致灾机理和监测技术领域的研究,可对矿井煤与瓦斯突出的防治工作提供一定的参考和指导,以最大限度地减少瓦斯动力灾害的发生及产生的后果,保障煤炭企业的安全高效生产。本书可供从事安全科学与工程、采矿工程、岩土工程等领域研究和学习的科研工作者、研究生和本科生参考。

图书在版编目(C I P)数据

含瓦斯煤岩破裂过程微震监测与分析/刘超著. —
徐州:中国矿业大学出版社,2017.3
ISBN 978 - 7 - 5646 - 3466 - 7

Ⅰ. ①含… Ⅱ. ①刘… Ⅲ. ①瓦斯煤层—煤岩—岩石
破裂—地震监测 Ⅳ. ①TD823.82

中国版本图书馆 CIP 数据核字(2017)第 049090 号

书　　名	含瓦斯煤岩破裂过程微震监测与分析
著　　者	刘　超
责任编辑	黄本斌
出版发行	中国矿业大学出版社有限责任公司
	（江苏省徐州市解放南路　邮编 221008）
营销热线	(0516)83885307　83884995
出版服务	(0516)83885767　83884920
网　　址	http://www.cumtp.com　E-mail:cumtpvip@cumtp.com
印　　刷	徐州中矿大印发科技有限公司
开　　本	787×1092　1/16　**印张** 11　**字数** 275 千字
版次印次	2017 年 3 月第 1 版　2017 年 3 月第 1 次印刷
定　　价	30.00 元

（图书出现印装质量问题,本社负责调换）

前　言

　　煤与瓦斯突出是复杂的矿山动力灾害现象之一,目前是煤矿工程中的世界性难题。严重的瓦斯突出灾害不仅造成巨大的经济损失,而且还可能造成重大的人员伤亡。近年来煤矿动力灾害事故更是频频发生,特别是煤矿日渐转入深部开采后,煤岩高地应力、高瓦斯压力及高渗透性的现象愈加明显,以瓦斯突出等为主的煤矿动力灾害已成为我国工业安全领域的主要灾害,给煤矿的安全高效开采带来诸多的技术难题。本书采用理论分析、数值模拟、数理统计理论、非线性分形理论以及现场工业性试验等手段,系统地研究了矿井煤与瓦斯突出动力灾害的致灾机理和防控技术,取得了一些有意义的研究成果。

　　基于含瓦斯煤岩破裂过程气固耦合作用模型,采用 RFPA^{2D}-GasFlow 程序一方面分析并完善了应力场—损伤场—瓦斯渗流场的多场耦合时空演化规律;另一方面模拟再现了瓦斯突出过程背景应力场演化特征及其微破裂前兆活动信息的规律,指出微破裂前兆特征是预警采动煤岩瓦斯动力灾害的有效途径。

　　运用 RFPA^{2D} 软件模拟了载荷下煤岩样的初始裂纹出现及扩展过程,揭示了煤岩破坏过程的微震效应及其演化规律,进一步验证了煤岩破裂过程中存在的微震现象。研究表明,微震效应在研究煤岩体微裂纹、微缺陷的演化规律和力学机制以及局部变形特征方面有着独特的优势,借助于该特征可以实现对煤岩破坏过程的实时动态监测,从而为瓦斯突出动力灾害的预测预报提供了技术基础。

　　为了满足煤矿井下对微震监测系统的要求,研制开发、改进并重新设计了系统的部分软硬件设备与安装装置及其安装方法;采取人工爆破试验标定波速模型的方法,研究了监测区域煤岩波速的优化选取及其对震源定位精度的影响,并提出了传感器的布置原则;基于长短项平均值法(STA/LTA)信号检测滤除原理,建立了一套多参量识别与滤除噪声的综合分析方法,并对滤出后的信号在三维可视化图中进行了标定。

　　结合微震参数的特点,考虑到评价指标的时间效应,建立了突出危险性长短时评价指标;基于正态分布函数理论,建立了描述突出危险性的 2σ 预警模型,并采取人工爆破诱发煤与瓦斯突出的方法,验证了上述预警模型的可行性,确定了危险性预警临界值。

　　详细分析了掘进巷道的突出灾变机制,结合淮南矿区强突出危险 62113 工作面煤巷掘进的实例分析,揭示了突出过程与采动煤岩破裂规律之间的演化关系,深入研究了 2σ 预警模型评价掘进巷道突出危险性的过程,并采取数值模拟与突出危险性预测敏感性指标(钻屑量指标 S 和钻屑解吸指标 K_1)的方法对预警结果进行了校检,证明了 2σ 预警模型的准确性。

　　研究了断层滑移失稳力学机制及准则,推导了断层结构力学模型,阐述了断层带活动规律与突出之间的关系。结合淮南矿区强突出危险含断层 62110 工作面煤巷掘进的实例分析,揭示了掘进巷道断层"活化"过程的演化规律,深入分析了 2σ 预警模型评价含断层掘进巷道突出危险性的过程,并采取二维地震勘探结果比对与现场实际断层揭露考察的方法对预警结果进行了校检,结果比较吻合。

结合覆岩破坏的基本理论,建立了采动覆岩的力学模型,揭示了覆岩内分别形成了拉应力及剪应力区,且拉应力区主要分布在冒落带破断线之内,剪应力区主要分布在竖向裂隙带内。采用数值模拟的方法对覆岩采动裂隙的初始萌发、扩展直至宏观裂纹贯通的过程及其声发射、能量的动态演化规律进行了详细的分析。并运用分形几何理论,定量地描述了覆岩破坏是一个降维有序、耗散结构的发展过程。在留巷钻孔法抽采卸压瓦斯机理的基础上,提出了覆岩裂隙区内存在着一个不规则闭合的"圆柱形横卧体"竖向裂隙场的观点,并依据该裂隙场的分布规律对顶板倾向低位钻孔进行了优化。

研究了地面煤层气水力压裂致裂原理,探寻了水力压裂裂缝起裂机制,主要可分为剪切机理和张拉机理,分析了影响裂缝形态的主要因素,可归结为地应力、煤岩组合关系、煤岩性质和压裂施工作业等方面,自主研制了煤矿地面煤层气水力压裂微震监测系统,对潞安矿区地面水力压裂裂缝扩展进行了实时监测试验,形成了煤矿地面水力压裂裂缝几何参数监测与评估方法,并优化了水力压裂工艺方案。

提出了基于微震监测的矿井动力灾害应急救援方法,建立了井下动力灾害救援微震监测系统,并进行了井下传感器敲击和喊话试验,对敲击和喊话位置进行了精确定位,为井下灾后救援的搜救工作提供了一条新途径。

在本书所涉及研究的过程中,得到了深部煤炭开采与环境保护国家重点实验室、煤矿瓦斯防治国家工程研究中心主任袁亮院士、副主任薛俊华、研发部部长余国锋以及新庄孜矿矿长柏发松、地质测量科科长党保全、副科长周胜健的大力支持与无私帮助,在此,对于淮南矿业集团及其新庄孜矿提供的良好广阔的科研平台,致以崇高的谢意!

我的恩师唐春安教授在百忙之中抽暇审阅了全书的手稿,在此对我的导师表示最衷心的感谢和最诚挚的敬意。李树刚教授、林海飞副教授对本书的出版给予了诸多的关心、支持和帮助,作者向他们表示衷心的感谢。成连华、肖鹏、张超、李莉、严敏、赵鹏翔、丁洋、魏宗勇、成小雨、程成、崔娜、杨铭扬、赵亚婕等老师和研究生对书稿的资料进行了收集和整理,在此表示深深的感谢。中国矿业大学出版社对本书的出版付出了辛勤的劳动,在此表示感谢。

由于作者水平所限,书中错误之处在所难免,所提观点也有待进一步探讨,希望得到相关专家和同行的指正,作者将不胜感激。

作 者

2016 年 8 月

目　　录

1　绪论 ………………………………………………………………… 1
　　1.1　研究背景及意义 …………………………………………… 1
　　1.2　国内外研究现状 …………………………………………… 4
　　1.3　研究存在问题与发展趋势 ………………………………… 18
　　1.4　主要研究内容与方法……………………………………… 19

2　采动煤岩瓦斯突出机理与灾变特征……………………………… 22
　　2.1　煤与瓦斯突出的特点……………………………………… 22
　　2.2　煤与瓦斯突出的基本力学与能量原理…………………… 24
　　2.3　煤岩突出的应力场—损伤场—渗流场耦合效应………… 27
　　2.4　煤与瓦斯突出灾变过程的前兆规律……………………… 31
　　2.5　本章小结…………………………………………………… 36

3　煤与瓦斯突出致灾过程的微震效应及其监测原理……………… 38
　　3.1　概述………………………………………………………… 38
　　3.2　煤岩产生微震的发生机制………………………………… 38
　　3.3　声发射（微震）特性……………………………………… 42
　　3.4　微震监测原理及其技术要点……………………………… 45
　　3.5　本章小结…………………………………………………… 46

4　煤矿井下微震监测系统开发、改进及其设计构建……………… 48
　　4.1　概述………………………………………………………… 48
　　4.2　数据可视化及远程传输系统研制开发…………………… 49
　　4.3　微震仪器改进设计与实现………………………………… 51
　　4.4　微震震源定位精度提高方法……………………………… 54
　　4.5　噪声识别与滤除综合分析方法…………………………… 63
　　4.6　微震监测系统网络构建…………………………………… 69
　　4.7　本章小结…………………………………………………… 72

5　煤与瓦斯突出危险性评价指标及预警模型研究………………… 74
　　5.1　概述………………………………………………………… 74
　　5.2　突出危险性评价指标……………………………………… 74
　　5.3　突出危险性预警模型……………………………………… 75
　　5.4　预警模型检验与临界值确定……………………………… 79

5.5　本章小结 ·· 81

6　掘进巷道煤与瓦斯突出危险性评价与预警 ······················ 82
　6.1　概述 ·· 82
　6.2　掘进巷道突出危险性评价与预警 ······································ 83
　6.3　工程实例分析 ··· 83
　6.4　本章小结 ··· 92

7　含断层掘进巷道煤与瓦斯突出危险性评价与预警 ············· 93
　7.1　概述 ·· 93
　7.2　含断层掘进巷道突出危险性评价与预警 ·························· 93
　7.3　工程实例分析 ··· 95
　7.4　本章小结 ··· 101

8　采场覆岩采动裂隙演化特征及瓦斯富集区分布规律 ·········· 102
　8.1　概述 ·· 102
　8.2　采场覆岩结构破坏规律 ··· 103
　8.3　卸压开采采动裂隙演化规律 ·· 106
　8.4　采空侧卸压瓦斯富集区分布规律 ······································ 114
　8.5　工程实例分析 ··· 116
　8.6　本章小结 ··· 124

9　地面煤层气水力压裂钻孔间裂缝形成规律分析 ················· 126
　9.1　概述 ·· 126
　9.2　水力压裂致裂原理及特点 ·· 126
　9.3　地面水力压裂微震系统设计 ·· 130
　9.4　工程实例分析 ··· 135
　9.5　本章小结 ··· 143

10　矿井动力灾害应急救援微震监测方法研究 ······················ 145
　10.1　概述 ·· 145
　10.2　井下动力灾害救援方法 ··· 145
　10.3　动力灾害救援微震监测技术 ·· 147
　10.4　工程实例分析 ··· 149
　10.5　本章小结 ··· 153

11　主要结论 ·· 154

参考文献 ·· 156

1　绪　　论

　　全世界每年因矿难死亡的人数超过万余人,其中因煤矿动力灾害事故死亡的人数占矿山事故中最主要的部分,而煤与瓦斯突出事故又是煤矿动力灾害事故中最为严重、危害性极大的事故,已成为世界各采煤国家关注的焦点。尤其是我国,每年煤与瓦斯突出矿井数目、年总次数及平均强度等方面都处于世界前列,特别是随着国家经济发展对煤炭能源的需求增大,煤矿瓦斯防治工作面临的任务更为艰巨和复杂。从目前国内外煤与瓦斯突出研究现状及发展趋势来看,煤与瓦斯突出的理论及控制技术尚不成熟。因此,开展煤与瓦斯突出机理与预测防治方法的研究,有效预警并遏制煤与瓦斯突出灾害事故的发生,保障煤炭资源安全、高效、绿色开采及我国煤炭能源的可持续发展,已成为目前采矿工程及岩石力学等领域急需解决的关键科学技术问题。本章主要介绍研究背景与研究意义,国内外相关领域的研究现状,目前研究存在的问题和发展趋势,并阐述了本项研究的主要内容及方法。

1.1　研究背景及意义

　　能源是人类活动的物质基础。近年来,能源的发展,能源和环境,是全世界、全人类共同关心的问题。从整个人类文明发展的进程来看,文明的积累和提升,人类社会的可持续发展,无不以能源利用为基础[1]。据 IEA 发布的《世界能源展望 2008》预测,从 2006 年至2030 年世界一次能源需求从 117.3 亿 t 油当量增长到了 170.1 多亿吨油当量,增长了45%。作为世界上最大的发展中国家,中国是一个能源生产和消费大国。能源生产量仅次于美国和俄罗斯,居世界第三位;基本能源消费占世界总消费量的 1/10,仅次于美国,居世界第二位[2]。近年来能源安全问题也日益成为国家生活乃至全社会关注的焦点,日益成为我国战略安全的隐患和制约经济社会可持续发展的瓶颈。

　　我国是一个多煤少油的国家,已探明的煤炭储量占世界煤炭储量的 33.8%,可采量位居第二,产量位居世界第一位[3]。煤炭在我国一次性能源结构中处于绝对主要位置,《中国可持续能源发展战略》研究报告认为,到 2050 年,煤炭所占比例不会低于 50%。可以预见,煤炭工业在国民经济中的基础地位,将是长期的和稳固的,具有不可替代性[4]。在国家《能源中长期发展规划纲要(2004～2020 年)》中已经确定,中国将“坚持以煤炭为主体、电力为中心、油气和新能源全面发展的能源战略”。近来,有关研究制订新能源发展规划的种种说法,频频见诸媒体,未来 10 年国家将在新能源领域投入 3 万亿元巨资、新目标将几倍于现有《可再生能源中长期发展规划》,专家指出新能源的发展规划不应忽视煤[5]。显然,煤炭工业的健康、稳定及可持续发展是关系国家能源安全的重大问题。近十年来,国家煤炭产量总体呈现增长态势,但从 2012 年开始,煤炭产量增速放缓,2015 年出现了首次下降,但总产量还是很高,如图 1-1 所示。而且,从近十年煤炭进出口情况来看,我国逐渐由煤炭出口大国转变成进口国,在 2009 年第一次成为煤炭净进口国,绝对量也很大,而 2011 年超过日本成为全球进口煤炭最多的国家,净进口高达 1 亿多吨,如图 1-2 所示。因此,为了保证我国高速的经济增长及其对能源的强劲需求,煤炭在相当长一段时间内将一直是我国的基础能源。

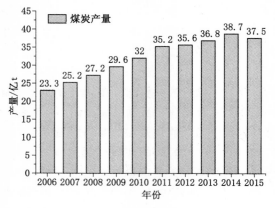

图 1-1　我国煤炭产量

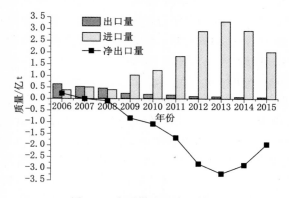

图 1-2　我国煤炭进出口情况

　　但近年来由于煤炭能源承担了我国很大的经济任务,而煤炭原有的理论及技术已难以适应当前煤矿安全高效生产的迫切需求,特别是每年以 15～20 m 的开采速度向深部延伸,以致煤岩层自然赋存条件更趋复杂,导致我国煤矿动力灾害事故居高不下,以煤与瓦斯突出、冲击地压及突水等为主的煤矿动力灾害已成为我国工业安全领域的主要灾害。尤其是煤与瓦斯突出或瓦斯爆炸事故更是屡见报端,损失惨重,社会影响深远。从 2005 年以来瓦斯事故呈逐年下降趋势。2005 年全国煤矿发生瓦斯事故 414 起,死亡 2 171 人;2006 年有了下降,发生瓦斯事故 327 起,死亡 1 319 人;2007 年下降到 272 起,死亡 1 084 人;2008 年下降到 182 起,死亡 778 人;2009 年发生瓦斯事故 157 起,死亡 755 人。连续四年,煤矿瓦斯事故起数和死亡人数都有较大幅度的下降。但是 2009 年,下降幅度就比较慢了,而且发生了 4 起 30 人以上的瓦斯事故,其中 3 起超过了 50 人。第一起是山西焦煤屯兰煤矿"2·22"瓦斯爆炸事故,死亡 78 人;第二起是重庆松藻"5·30"煤与瓦斯突出事故,死亡 30人;第三起是河南平顶山新华四矿"9·8"瓦斯爆炸事故,死亡 76 人;第四起是黑龙江龙煤集团鹤岗分公司新兴煤矿"11·21"瓦斯爆炸事故,死亡 108 人[6]。2010 年瓦斯事故发生不断,其中一次死亡 10 人以上的事故近 10 起,死亡超过 20 人事故共 4 起。2011 年我国煤矿发生瓦斯事故 119 起,死亡 533 人,同比分别减少 36 起、90 人。2012 年全国瓦斯事故 72 起,死亡 350 人,同比减少 47 起、183 人,分别下降 39.5%、34.3%。2013 年全国煤矿发生瓦斯事故 59 起,死亡 348 人。2014 年,全国煤矿发生瓦斯事故 47 起,死亡 266 人,同比减少 15 起、101 人,分别下降 24.2% 和 27.5%。2015 年,全国煤矿发生瓦斯事故 45 起,死亡 171 人,同比减少 4 起、101 人,分别下降 8.2%、37.1%。虽然近几年全国煤矿瓦斯事故数量和死亡人数均逐年下降,但瓦斯事故数量和死亡人数仍然偏多。另外,国外煤矿也发生了严重的爆炸事故,如美国、俄罗斯、印尼及新西兰等国,尤其是新西兰的煤矿爆炸事故更是打破了该国 42 年无矿难的纪录。从近几年国内外发生的煤与瓦斯突出或爆炸重、特大事故(表 1-1),不难看出,煤与瓦斯突出等动力灾害事故安全形势不容乐观,需要继续引起重视并不断地加大投入。

表 1-1   近几年国内外重大瓦斯事故

时间	地点	死亡人数/人	事故原因
2004-10-20	河南郑州市大平煤矿	148	瓦斯爆炸
2004-11-28	陕西省陈家山煤矿	166	瓦斯爆炸
2005-02-14	辽宁阜新市孙家湾煤矿	214	瓦斯爆炸
2005-12-07	河北唐山市刘官屯电煤矿	108	瓦斯爆炸
2006-11-05	山西大同市焦家寨煤矿	47	瓦斯爆炸
2007-08-07	山西省瑞之源煤业	105	瓦斯爆炸
2008-09-04	辽宁省阜新市第八煤矿	27	瓦斯爆炸
2009-02-22	山西省屯兰煤矿	77	瓦斯爆炸
2009-11-21	黑龙江省新兴煤矿	108	瓦斯爆炸
2010-02-09	俄罗斯新库兹涅茨克市	25	瓦斯爆炸
2010-03-31	河南伊川国民煤业	46	瓦斯爆炸
2010-04-06	美国西弗吉尼亚州蒙特科尔	29	瓦斯爆炸
2010-05-13	贵州省安顺市远洋煤矿	21	煤与瓦斯突出
2010-06-16	印尼西苏门答腊省	37	瓦斯爆炸
2010-10-16	河南平禹煤电四矿	37	煤与瓦斯突出
2010-11-19	新西兰南岛西岸一处煤矿	27	瓦斯爆炸
2010-12-07	河南义煤集团巨源煤业	26	瓦斯爆炸
2011-10-16	陕西铜川田玉煤业有限公司	11	瓦斯爆炸
2012-08-13	吉林白山市吉盛矿业有限公司	17	瓦斯爆炸
2012-08-29	四川肖家湾煤矿	45	瓦斯爆炸
2013-05-11	四川省泸州市泸县桃子沟煤矿	28	瓦斯爆炸
2014-06-04	重庆砚石台煤矿	22	瓦斯爆炸
2015-10-09	江西上饶市上饶县永吉煤矿	10	瓦斯爆炸

近十年以来,我国煤矿百万吨死亡率逐年在下降,年死亡人数也有所减少,但与世界主

要产煤国相比,仍然是其他国家的几倍,甚至几十倍。据统计[7],我国煤矿百万吨死亡率是美国的 42.2 倍,南非的 14.8 倍,印度的 7.7 倍,波兰的 7.0 倍,俄罗斯的 6.2 倍。近年来,虽然启动了煤矿企业兼并重组计划,关闭了数万个乡镇和个体煤矿,但我国煤矿伤亡事故严重的局面仍然没有得到有效控制,重特大事故尚未得到有效遏制,部分地区事故仍然持续反弹,煤矿因煤与瓦斯突出或爆炸等动力灾害事故频繁发生,严重制约着矿产资源的合理开发与利用,严峻的煤矿安全形势严重影响了人民群众生命财产安全以及社会的安定和谐。“十三五”时期,我国经济将持续保持平稳较快发展势头,煤炭开采的复杂难度和深部开采诱发的安全问题日益突出,煤矿安全生产科技面临着巨大挑战。尽管多年来我国已开展了大量的煤矿动力灾害机理及防治技术的研究,但目前煤矿安全生产依然严峻的形势表明,如果短期内不能在煤矿动力灾害机理、预测预警及控制方面有所突破,特别是煤与瓦斯突出方面,势必成为制约煤矿发展乃至我国国民经济发展的瓶颈。

为了防范煤矿重特大事故的发生,党中央和国务院高度重视,研究部署了加强煤矿安全生产工作,并采取七项措施开展瓦斯集中整治,其中有三项技术措施比较重要:① 对瓦斯灾害严重和存在重大隐患的煤矿逐个进行安全评估,帮助制定具体的防范措施;② 推广数字化瓦斯远程监控系统,高瓦斯和高突矿井没有建立瓦斯抽采和监测系统的,一律限期整改;③ 加快煤与瓦斯突出机理及预测预报科研攻关,尽快取得突破[8]。另外,为了从根本上解决煤矿瓦斯治理的问题,改善煤矿生产安全状况,力争在瓦斯发生的机理和规律方面有所突破,开发有效的瓦斯监测、预警方法和手段,提高瓦斯灾害治理的技术和装备水平,国家煤矿瓦斯部际协调领导小组成立,充分表明了党中央、国务院采取综合措施治理瓦斯灾害的决心。科技部也决定紧急启动了“煤矿生产安全科技行动专项”,主要包括以下三个方面的内容:① 加强技术筛选和综合集成,强化科技成果推广应用,建立煤矿生产安全技术示范区;② 以预防为重点,突破瓦斯灾害的实时监测和预警技术、瓦斯灾害治理技术、煤矿瓦斯灾害的应急救援技术三大关键技术,形成准确、快速、实时的煤矿生产安全技术体系;③ 加强基础理论研究,为控制与减少瓦斯灾害提供科学基础[9]。

一直以来,在煤与瓦斯治理研究领域,人们主要致力于两个方面的研究,即煤与瓦斯突出机理及防治方法,而在工程现场主要采取以瓦斯抽采卸压等为主的技术手段实现消突的目的。但相关的研究主要着眼于煤与瓦斯突出的结果,没有关注煤与瓦斯突出孕育过程中的微破裂前兆规律及其时空演化特征。因此,煤与瓦斯突出事故难以得到有效遏制的关键在于人们对突出机理没有从力学等领域的更高、更深层次上去认识,缺乏有效指导突出预警与防治的系统新思路、新方法。基于我国煤矿煤与瓦斯突出的现状与特点,结合国家对能源的重大战略需求,突破以瓦斯表观信息为依据预报突出的传统思路,研究突出前兆特征及煤岩破坏机理,对突出的裂隙通道形成过程与灾变机制进行深入分析,探讨突出灾害孕育的内在动因及有效的预警方法,揭示采动应力场、损伤场及渗流场的耦合效应机制,系统开展煤与瓦斯突出机理及预警方法的研究具有重要的理论与现实意义。

1.2 国内外研究现状

1.2.1 煤与瓦斯突出概述

煤矿瓦斯一般指的是天然气。主要成分是烷烃,其中甲烷占绝大多数,另有少量的乙烷、丙烷和丁烷,此外一般还含有硫化氢、二氧化碳、氮和水汽,以及微量的惰性气体,如氦和氩等。植物在成煤过程中生成的大量气体,又称煤层气。腐殖型的有机质,被细菌分解,可生成瓦斯;其后随着沉积物埋藏深度增加,在漫长的地质年代中,由于煤层经受高温、高压的作用,进入煤的碳化变质阶段,煤中挥发分减少,固定碳增加,又生成大量瓦斯,保存在煤层或岩层的孔隙和裂隙内[10]。

煤与瓦斯突出是一种煤体动力现象,属于另一种类型的瓦斯特殊涌出。通常在压力作用下,破碎的煤与瓦斯由煤体内突然向采掘空间大量喷出,并在煤体中形成某种特殊形状的空洞,喷出的粉煤被瓦斯流所携带运动,并造成一定的动力效应(推倒矿车,破坏支架等),大突出时粉煤可以充填数百米巷道,而喷出的瓦斯-粉煤流有时带有暴风般的性质,可逆风流充满数千米长的巷道。煤与瓦斯突出是煤矿井下生产中的一种自然灾害,它严重威胁着煤矿的安全生产[11-13],如图 1-3(a)所示[14]。而瓦斯爆炸是一种热-链式反应,是一定浓度的甲烷和空气中的氧气在一定温度作用下产生的激烈氧化反应。通常瓦斯爆炸产生的高温高压,促使爆源附近的气体以极大的速度向外冲击,造成人员伤亡,破坏巷道和器材设施,扬起大量煤尘并使之参与爆炸,产生更大的破坏力。另外,爆炸后生成大量的有害气体,造成人员中毒死亡[15],如图 1-3(b)所示[16]。

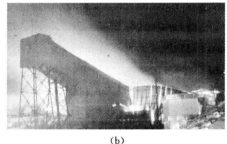

(a)　　　　　　　　　　　　　　　(b)

图 1-3　煤与瓦斯事故

(a)煤与瓦斯突出;(b)瓦斯爆炸

(1)煤与瓦斯突出的基本特征[17]

通常,突出的煤向外抛出距离比较远,具有分选现象;抛出的煤破碎程度较高,含有大量的块煤和手捻无粒感的煤粉;抛出的煤堆积角小于煤的自然安息角;抛出过程有较为明显的动力效应,破坏和抛出安装在采掘空间内的设施;有大量的瓦斯涌出,瓦斯涌出量远远超过突出煤的瓦斯含量,有时会使风流逆转;突出孔洞呈口小腔大的倒瓶形、梨形以及其他分岔形等。

(2)煤与瓦斯突出的预兆[18]

煤与瓦斯突出的预兆分为无声预兆和有声预兆两类:

① 无声预兆:采掘工作面煤体与支架压力增大,煤壁外鼓、掉渣等;煤层结构变化,层理紊乱,煤层由硬变软、由薄变厚,倾角由小变大,煤由湿变干,光泽暗淡,煤层顶、底板出现断裂,煤岩严重破坏等;瓦斯增大或忽小忽大,煤尘增多。

② 有声预兆:煤爆声、闷雷声、深部煤岩石的破裂声、支柱折断等。

每次突出前都有预兆出现,但出现预兆的种类和时间是不同的,熟悉和掌握预兆,对于及时撤出人员、减少伤亡具有重要的意义。

(3) 煤与瓦斯突出的类型[19]

根据突出的介质的不同,煤与瓦斯突出可分为煤与甲烷突出、岩石与甲烷突出、煤与 CO_2 突出、岩石与 CO_2 突出等。

根据突出时的原动力和所表现现象的不同,煤与瓦斯突出可分为突出、倾出和压出 3 种情况。

(4) 煤与瓦斯突出的一般规律[20]

① 突出与地质构造的关系:突出多发生在地质构造带附近,如断层、褶曲和火成岩侵入区附近。

② 突出与瓦斯的关系:煤层中的瓦斯压力与含量是突出的重要因素之一,瓦斯压力和瓦斯含量越大,突出的危险性越大。但突出与煤层的瓦斯含量和瓦斯压力之间,没有固定的关系。瓦斯压力低、含量小的煤层可能发生突出;反之,瓦斯压力高、含量大的煤层也可能不突出,因为突出是多种因素综合作用的结果。

③ 突出与地压的关系:地压愈大,突出的危险性愈大。当采深增加时,突出的次数和强度都可能增加,在集中压力区内突出的危险性增加。

④ 突出与煤层构造的关系:煤层构造主要指煤的破坏类型和强度,煤的破坏类型愈高、强度愈小,突出的危险性愈大,多发生在软煤层或软分层中。

⑤ 突出与围岩性质的关系:若煤层顶底板是坚硬而致密的岩层且厚度较大时,其集中应力较大,瓦斯不易排放,故突出危险性愈大;反之则小。

⑥ 突出与水文地质的关系:煤层如果比较湿润,矿井涌水量较大,则突出危险性较小;反之则大。这是由于地下水流动,可带走瓦斯,溶解某些矿物,给瓦斯流动创造了条件。

⑦ 突出具有延期性,突出的延期性变化就是震动爆破后没有诱导突出而相隔一段时间后才发生突出,其延迟时间从几分钟到几小时。

自从 1834 年法国鲁阿尔(Loire)煤田伊萨克(Issac)矿井发生了世界上第一次煤与瓦斯突出以来,目前大约有 20 个国家发生了煤与瓦斯突出事故[21],如中国、俄罗斯、日本、波兰及南非等国家均不同程度地受到煤与瓦斯突出事故的威胁。我国是世界上煤与瓦斯突出最严重的国家,自 1950 年吉林省辽源矿务局富国煤矿发生第一次有记载的煤(岩)与瓦斯突出以来[22-25],国内煤矿主产省份矿区均发生过煤与瓦斯突出现象。下面是近几年来我国煤矿所发生的几起较为严重的煤与瓦斯突出或爆炸事故。

(1) 2005 年 2 月 14 日 15 时 1 分,辽宁省阜新矿业(集团)有限责任公司孙家湾煤矿海州立井发生一起特别重大瓦斯爆炸事故,造成 214 人死亡,30 人受伤,直接经济损失 4 968.9 万元。事故发生地点为 3316 准备工作面的架子道。该架子道是 3316 掘进工作面的回风道,平巷 15 m,斜巷 50 m,于 2004 年 9 月 23 日开始施工,2004 年 11 月 4 日与 3316 风道贯通。事故地点为平巷段,设计断面为 10.2 m²,采用锚杆、锚网、锚索联合支护。直接原因是由于冲击地压造成 3316 风道外段大量瓦斯异常涌出,3316 风道里段掘进工作面局部停风造成瓦斯积聚,瓦斯浓度达到爆炸界限;工人违章带电检修架子道距专用回风上山 8 m 处临时配电点的照明信号综合保护装置,产生电火花引起瓦斯爆炸事故。

(2) 2006 年 11 月 5 日 11 时 38 分,山西省同煤集团轩岗煤电公司焦家寨煤矿发生一起特别重大瓦斯爆炸事故,造成 47 人死亡、2 人受伤,直接经济损失 1 213.03 万元。焦家寨煤矿是国有重点煤矿,隶属于轩岗煤电公司。属高瓦斯矿井。该矿证照齐全有效。2005 年矿井核定生产能力为 150 万 t/a。2006 年 1~10 月份生产原煤 116 万 t。事故的直接原因是由于 51108 进风掘进巷,局部通风机无计划停电停风造成瓦斯积聚,并达到瓦斯爆炸界限;由于瓦斯-电不闭锁,在未采取排放瓦斯措施的情况下,违章送电、送风;距巷口 630 m 处的动力电缆两通接线盒失爆产生火花,引爆瓦斯。

（3）2007 年 12 月 5 日 23 时 15 分左右,山西省临汾市洪洞县瑞之源煤业有限公司井下发生一起特别重大瓦斯爆炸事故,井下有 128 名当班作业人员,事故发生后该矿盲目组织施救又下井 37 人。此次事故经抢救共有 60 人脱险,其中 7 人重伤、1 人轻伤;105 人遇难;直接经济损失 4 275.08 万元。该矿前身为洪洞县新窑煤矿,2004 年改制为民营企业。事故发生前"六证"齐全,均在有效期内,核定生产能力 21 万 t/a,批准开采 2 号煤层,实际开采 2 号、9 号煤层,严重超层越界进行开采。2 号煤层采用长壁式开采,瓦斯绝对涌出量 0.49 m³/min,相对涌出量 1.37 m³/t,为低瓦斯矿井,煤尘有爆炸性,为自燃倾向煤层。事故直接原因是非法开采的 9 号煤层未进行瓦斯等级鉴定及自燃倾向性鉴定。

（4）2008 年 9 月 4 日,辽宁省阜新市清河门区河西镇第八煤矿发生瓦斯爆炸事故,造成27 人死亡、2 人重伤、4 人轻伤,直接经济损失 887.4 万元。直接原因是河西镇第八煤矿二平巷掘进工作面与一平巷的六上山采空区煤柱小于最小爆破抵抗线,六上山采空区瓦斯积聚的浓度达到爆炸界限,掘进工作面爆破引起采空区瓦斯爆炸。事故表明:生产无视政府监管,违法组织生产,安全管理机构不健全,安全管理制度不落实,井下安全管理混乱。该矿为低瓦斯矿井,事故工作面以掘代采,无风微风作业,未对采空区进行及时密闭,造成瓦斯积聚,监控系统传感器数量不足,没有执行"一炮三检"制度,违章爆破引起瓦斯爆炸。

（5）2009 年 11 月 21 日 1 时 37 分,黑龙江省龙煤矿业集团股份有限公司鹤岗分公司新兴煤矿三水平南二石门 15 号煤层探煤巷发生煤（岩）与瓦斯突出,突出的瓦斯逆风流至二水平,2 时 19 分发生瓦斯爆炸事故,造成 108 人死亡、133 人受伤（其中重伤 6 人）,直接经济损失 5 614.65 万元。事故直接原因是该矿为高瓦斯矿井,在地质构造复杂的三水平南二石门15 号煤层探煤巷,爆破作业诱发煤（岩）与瓦斯突出;突出的瓦斯逆流进入二段钢带机巷,在二水平南大巷与新鲜风流汇合,然后进入二水平卸载巷附近区域,达到瓦斯爆炸界限,由于卸载巷电机车架线并线夹接头产生电火花引起瓦斯爆炸。

（6）2010 年 3 月 31 日 19 时 22 分,河南省洛阳市伊川县国民煤业公司发生一起特别重大煤与瓦斯突出事故,并引起瓦斯涌出井口发生爆炸和燃烧。事故发生后,经全力抢救,井下作业人员安全升井 67 人,事故造成 44 人遇难,4 人失踪,2 人受伤。事故直接原因是该矿井下 1102 工作面回风巷掘进施工中诱发煤与瓦斯突出,并导致风流发生逆转,井下瓦斯涌到副井口遇明火发生爆炸,随即又引起副井筒瓦斯燃烧。该矿属整合技改矿井,是明令禁止一切采掘活动的停工停产整顿矿井,期间严重非法违法组织生产。在被鉴定为煤与瓦斯突出矿井后,没有制定"四位一体"综合防突措施;以包代管,井下作业无序、人员不清;矿井通风系统紊乱、通风设施不可靠,且在多处盲巷中掘进;矿井瓦斯监控系统不完善,且不能正常运转。

（7）2011 年 10 月 16 日 11 时 10 分,陕西省铜川市耀州区照金镇田玉煤业有限公司发生一起重大瓦斯爆炸事故,造成 11 人死亡,直接经济损失 965.6 万元。田玉煤业有限公司非法越界布置 4-2 煤层系统,该系统胶带巷机尾正头掘进工作面曾与老空区打透,未密闭,由于矿井负压作用,导致瓦斯不断涌出;该系统通风管理混乱,通风设施不可靠,漏风严重,风量严重不足,局部通风机吸循环风,致使掘进工作面、3 号联络巷、回风巷交岔口处瓦斯积聚,瓦斯浓度达到爆炸界限;耙斗机在扒煤过程中,因打结且有毛刺的钢丝绳与耙斗机绞车右滚筒左翼板摩擦产生火花引起瓦斯爆炸,导致 11 名矿工遇难。

(8) 2012 年 8 月 29 日 18 时左右,四川省攀枝花市西区正金工贸公司肖家湾煤矿发生特别重大瓦斯爆炸事故,造成 45 人遇难。事故发生时,井下有 154 人正在作业。肖家湾煤矿对"打非治违"专项行动的相关部署要求不落实、走过场,违法违规超能力、超强度、超定员组织生产;安全生产管理极其混乱,无风微风作业,以掘代采,乱采滥挖,生产方式落后,毫无安全保障可言;安全监测监控设施不健全、形同虚设,瓦斯聚积超标仍没有停产撤人,矿井图纸与实际严重脱离;安全监管存在漏洞,检查验收把关不严。

(9) 2013 年 5 月 11 日 14 时 15 分,泸州市泸县桃子沟煤业有限公司发生重大瓦斯爆炸事故,造成 28 人死亡、18 人受伤(其中 8 人重伤),直接经济损失 3 747 万元。桃子沟煤业有限公司违法违规组织生产的 3111 采煤工作面 6 支巷采煤作业点区域处于无风微风状态,瓦斯积聚达到爆炸浓度;爆破后,残药燃烧,引爆积聚瓦斯。

(10) 2014 年 6 月 3 日 16 时 58 分,重庆市能源投资集团南桐矿业公司砚石台煤矿发生重大瓦斯爆炸事故,造成 22 人死亡、7 人受伤,直接经济损失 1 654.59 万元。工作面掩架平架上方未严格按该矿 4406S2 段采煤工作面采煤作业规程规定设置板墙,掩架背的垫层局部未达到规定的 1 m 厚度,向采空区漏风增大。工作面采空区未按该矿 4406S2 段采煤工作面强制放顶安全技术措施规定布置炮眼放顶,增大了采空区瓦斯聚积的空间,导致了瓦斯聚集发生爆炸事故。

(11) 2015 年 10 月 9 日 22 时,江西省上饶县枫岭头镇永吉煤矿−200 m 西翼上山作业区域发生瓦斯爆炸事故,造成 10 名作业人员遇难。该矿安全生产许可证 2015 年 1 月 9 日过期、矿长安全资格证 2015 年 5 月 4 日过期,已被上饶市政府相关部门责令停产整顿,但该矿违反停产指令,继续违法组织生产。该矿以整改维修巷道的名义,在井下布置两个巷道高落式采煤工作面,工作面没有实现全负压通风,致使高落区积存大量瓦斯等有害气体。矿井通风瓦斯管理混乱,工作面局部通风机设置不合理,供风量不足,导致井下部分区域存在循环风、无风区、微风区。煤矿安全监控系统不完善,事故区域的−200 m 水平东翼上山作业面和西翼上山作业面均没有安装瓦斯、一氧化碳传感器。

从上面的煤与瓦斯事故可以看出,它们具有以下相似的典型特征:① 开采矿井属于瓦斯矿井,具有突出或爆炸危险性;② 事故多发生在煤巷等掘进工作面,尤其是煤岩体含弱面结构(断层、褶曲、节理)的复杂构造带附近;③ 没有采取及时与合理的瓦斯抽采措施,从而实现对突出煤层卸压消突的目的;④ 忽视掘进工作面煤岩体表现出来的前兆特征,缺乏足够的突出预警理念与技术手段;⑤ 盲目非法开采,违章作业,防突措施不到位。

1.2.2 煤与瓦斯突出机理

如此频繁的瓦斯突出灾害事故促使了各国的学者对煤与瓦斯突出机理展开了大量的理论和试验研究工作。世界上一些煤与瓦斯突出严重的国家对煤与瓦斯突出的机理都作了深入的研究,提出了各种关于瓦斯突出机理的假说。早期的这些瓦斯突出机理假说从影响的因素来看,可分为单因素假说和多因素假说,其中的单因素假说根据其作用的因素又可以分为瓦斯主导作用说、地应力主导作用说和煤质主导作用说,而多因素假说即是综合作用假说[26-29]。上述各种假说使得人们普遍认识到：煤与瓦斯突出是地应力、瓦斯压力及煤的物理力学性质三者综合作用的结果。详细的内容如下[30-32]：

（1）瓦斯主导假说

苏联的 E.H·沙留金和英国的 R·威廉姆斯等提出的"瓦斯包"说是这个领域的主要学说，该假说认为瓦斯是煤体发生破坏的主要因素，煤层内存在瓦斯压力及瓦斯含量比邻近区域高得多的煤窝。该区域煤松软，孔隙与裂隙发育，具有较大的存贮瓦斯的能力，它被透气性差的煤（岩）所包围、储存着高压瓦斯。当巷道或工作面接近此区域时，煤壁受到高压瓦斯作用破坏而发生突出。

（2）地应力主导假说

该假说认为在煤体破坏发生煤与瓦斯突出的过程中起主导作用的是地压，即煤体应力。苏联的别楚克、法国的莫连等分别提出了含瓦斯煤体内储存了大量的弹性势能，当工作面接近该区时，高应力区的弹性势能释放使煤体破坏而发生突出。

（3）煤质主导假说

煤质主导作用说也就是化学本质说，它认为煤质在突出过程中起主导作用，即煤体破坏时是否发生煤与瓦斯突出现象主要是由煤质决定的。而且，苏联 B.T·巴利维列夫、马柯贡和 T.K·柯留金等提出了瓦斯水化物假说。目前，煤质主导作用假说在现场观察和实验室实验两个方面都没有得到支持，已被绝大多数研究者所抛弃。

（4）综合作用假说

这类假说认为煤与瓦斯突出是由于地应力、瓦斯（含量、压力）及煤的物理力学性质这三种主要因素综合作用的结果。该假说最早是由苏联的聂克拉索夫于 20 世纪 50 年代提出的，他认为煤与瓦斯突出是由于瓦斯和应力的联合作用使煤体破坏而发生的。其后其他许多学者又对其进行了补充，认为突出的发生还要考虑煤的物理力学性质、煤的宏微观结构、煤层构造及煤的自重等。尤其是，苏联的著名学者 B.B·霍多特[33]提出了"能量假说"，他认为突出是煤体的变形潜能与瓦斯内能突然释放所引起的近工作面煤体的高速破碎，使突出的综合假说更加完善，该假说由下式表示：

$$W + \lambda = A \tag{1-1}$$

式中：W、λ 与 A 分别代表煤的弹性势能、瓦斯膨胀能以及煤破碎到突出物粉煤时的能量，J。

$$W = \frac{1}{2E}\sigma^2 \tag{1-2}$$

式中：σ 与 E 分别代表煤体的平均应力及弹性模量，MPa。

$$\lambda = \frac{10^6 VRT}{22\,414(\theta-1)}\left[1 - \left(\frac{p_2}{p_1}\right)\theta - \frac{1}{\theta}\right] \tag{1-3}$$

式中 V ——气体瓦斯量，m^3/t；

       R ——气体常数，$R = 8.29\ J/(mol \cdot K)$；

       T ——煤-瓦斯体系的绝对温度，K；

       θ ——绝热系数，对于瓦斯 $\theta = 1.3$；

       p_1，p_2 ——初始和最终的瓦斯压力，MPa。

这类综合作用假说由于全面考虑了突出发生的作用力和介质两方面的主要因素，从而得到国内外大多数学者的普遍认可。

由以上早期的这些关于煤与瓦斯突出的发生理论和假说可以看出,假说基本上对突出发生的原因、条件、过程和能量来源作了定性的解释和近似定量计算,但仅仅是针对某类具体条件提出的,只是对煤体突然破坏原因的简单回答,而对于哪个因素如何起主导作用并没有给予定量的分析解释。另外,实际突出过程也说明其都有一定的局限性,较难用某种假说来解释所有的突出现象。

1980 年以来,随着问题研究的深入,人们开始将瓦斯突出作为一个力学现象和力学过程,按照近代的力学理论和力学方法来加以研究,国内外学者在突出机理的研究方面有了新的发展。

苏联学者 V. I. Karev 和 Y. F. Kovalenko[34] 提出了煤层瓦斯渗流流动的理论模型。

I. Gray[35] 认为突出过程中可能发生两种瓦斯诱发的破坏机理,即煤体的拉伸破坏和煤岩体的剪切管涌破坏。

澳大利亚学者 L. Paterson[36] 提出了煤层瓦斯突出的数学模型,但是其模型中没有考虑煤岩体的变形,只是从渗流的角度解释了煤壁裂纹的产生。

波兰科学院院士 J. Litwiniszy[37] 提出了煤与瓦斯突出的数学模型。

于不凡[30] 提出并不断发展了中心扩张学说。

周世宁院士等[38-40] 对煤层瓦斯的流动理论进行了数值模拟研究。

郑哲敏院士[41] 通过量纲分析和能量对比方法研究,定性分析了瓦斯突出的孕育、启动、发展和停止的过程。

李中成[42] 认为突出过程是煤体所积存的弹性应变能和瓦斯内能突然释放的过程。

谈庆明等[43] 提出了煤与瓦斯突出的破裂间断波模型。

俞善炳[44] 给出了定量化的突出发生判据,煤体的破坏有强、弱两种模式,分别对应于煤体的突出和层裂。

余楚新、鲜学福等[45-46] 从煤体变形及瓦斯运移的角度对煤与瓦斯突出进行了研究。

李萍丰[47] 提出了二相流体假说。认为突出的本质是在突出中心形成了煤粒和瓦斯的二相流体,从而导致了瓦斯突出。

丁晓良等[48] 认为突出的发生是煤体的破坏与瓦斯渗流耦合的结果。

1990 年以来,H. M·佩图霍夫[49] 提出了煤与瓦斯突出和冲击地压统一理论模型。

S. Valliappan[50]、W. Dziurzynski[51] 等分别提出了煤层瓦斯突出的耦合作用模型,对煤层瓦斯的流动进行了数值模拟研究。

何学秋[52] 提出了煤与瓦斯突出的流变假说,阐述了煤与瓦斯突出发生的流变机理。

林柏泉等[53] 提出了煤与瓦斯突出是地应力、瓦斯、煤的物理力学性质和卸压区宽度 4 部分作用的结果。

蒋承林、俞启香[54] 根据突出孔洞的形状及煤岩体受力状况的分析,提出了煤与瓦斯突出的球壳失稳假说,如图 1-4 所示。

吕绍林、何继善[55] 认为瓦斯突出的发生和发展取决于赋存在煤岩体中诸多因素的综合作用。

章梦涛、梁冰等[56] 提出了煤与瓦斯突出固流耦合失稳理论。

赵阳升[57] 首先提出了煤体-瓦斯耦合作用的数学模型与数值解法。

刘建军等[58] 建立了应力作用下煤层气-水两相流固耦合渗流的数学模型。

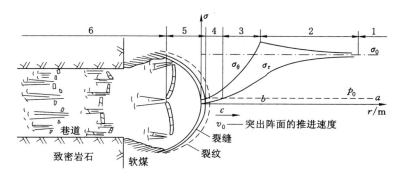

图 1-4 煤与瓦斯突出的球壳失稳模型[54]

1——原始应力阶段;2——集中应力阶段;3——地应力破坏阶段;
4——瓦斯撕裂煤体阶段;5——煤壳失稳抛出阶段;6——搬运及静止解吸阶段

赵国景等[59]、丁继辉等[60]给出了固气两相介质耦合突出失稳的非线性大变形有限元方程。

近年来,虽然由于煤与瓦斯突出机理的复杂性,仍未取得突破性进展,尚未形成完整统一的理论,但人们一直在努力探寻着突出的机理,取得了一定的研究成果,完善了煤与瓦斯突出理论体系。

封富[61]认为矿井动力现象一般都要经历弹性变形—非弹性变形—应变软化—失稳破坏过程。

张国辉[62]提出煤层及其顶底板岩层的原岩应力基本由垂直的重力和近水平的构造应力叠加作用形成。

张玉贵[63]提出构造煤的分布受地质构造逐级控制,提出了构造煤形成过程中的作用机制。

赵玉林[64]认为煤岩体破裂产生的电磁波在一定频率范围内能够被煤与甲烷吸附伴生分子体系以量子化形式吸收,导致该体系由基态变为激发态。

郭德勇[65]指出煤与瓦斯突出的构造物理环境由构造组合特征、构造应力场、构造煤和煤层瓦斯 4 因素组成。

马中飞等[66]提出了煤与瓦斯承压散体失控突出机理。

韩军[67]分析了煤岩层组成的软硬互层系统的层间滑动特征和应力-应变特征、煤体宏观与微观结构特征、瓦斯压力与瓦斯含量分布特征。

颜爱华等[68]再现了煤矿开采过程中诱发煤与瓦斯突出的全过程,验证了煤与瓦斯突出是瓦斯压力、地应力及煤岩体的力学性质综合作用的结果。

唐春安等[69-70]研究开发了有关煤与瓦斯突出过程模拟的数值分析 RFPA 方法。建立了含瓦斯煤岩突出过程固气耦合作用的 $RFPA^{2D}$-Flow 模型。

上述研究成果基本上反映了以下几方面的内容:把煤岩与瓦斯看成一个统一体,认为突出是流固耦合问题;提出了煤岩弹性应变能与瓦斯内能是突出动力来源的观点;揭示了突出的准备、激发、发动及终止整个突出过程,考虑了时间效应;研究了地质构造带、地应力分布状态、采掘效应及瓦斯压力等对突出的影响及其之间的关系;探讨了现场实践、实验研究与数值模拟以及构造物理学、量子化学、突变理论等方法在分析突出机理方面的应用现状。

但目前的研究成果仍对突出的一些细节缺乏全面的了解,上述研究成果普遍存在非量化分析的情况,多是定性地描述煤与瓦斯突出现象,主要是为煤与瓦斯突出机理解释、危险性预测和防突措施的制定提供依据。但由于影响煤与瓦斯突出的煤岩物理力学性质是非线性的、煤岩体破坏形式是多样性的、瓦斯赋存与运移过程是复杂性的以及动力现象发生的动力学特征相似性,以致不能从量化角度予以区分,导致突出机理研究的复杂化,缺乏定量的统一完整的理论体系;其次,以往的研究往往是分别研究地应力与瓦斯压力对煤体的作用和影响,缺乏将其作为一个统一整体进行研究,因而对地应力及瓦斯压力在突出中的作用阐述不清;第三,以往的研究只注重假说的提出,不注重对假说的实验验证,由于各种假说都是针对某类具体条件提出的,都有一定的局限性,难以用某种假说来解释所有的矿井突出现象;第四,对突出过程研究较多,而对突出物及其运动规律和动力学破坏特征缺乏深入研究;第五,随着开采深度不断增加,地应力与瓦斯压力不断加大,"深部"问题日益明显,将造成煤与瓦斯突出矿井及突出的次数日益增多,对深部矿井条件下地应力与瓦斯对突出的作用,缺乏深入系统的研究;第六,以往的研究主要关注煤与瓦斯突出的结果,没有关注煤与瓦斯突出孕育过程中的微破裂前兆规律及其时空演化特征。正是这些原因导致突出机理研究方面相对滞后,人们无法直接应用理论分析得出的结论来指导实践。

1.2.3 煤与瓦斯突出预测方法

另外,在致力于研究瓦斯突出机理的同时,国内外研究者也对瓦斯突出危险性预测方法进行了深入的研究。瓦斯突出机理研究的目的是准确地预测瓦斯突出,并提出合理有效的瓦斯突出防治措施。进行瓦斯突出预测,不仅能指导防突措施合理地运用、减少防突措施工程量,而且对工作面突出危险性进行实时检查,还能保障突出煤层作业人员的安全。因此,研究煤与瓦斯突出的预测方法具有重大的现实意义[71-72]。

煤与瓦斯突出预测的基础是人们对突出过程及其影响因素的认识,并提出了许多的突出预测方法。一般来说,突出预测方法可分为两类:区域预测和局部预测。前者的目的是确定矿井、煤层和煤层区域的危险性,这种预测也可称为长期预测;后者的目的是及时预测局部地点即采掘工作面的突出危险性,此种预测又可称为日常预测或工作面预测。根据突出预测过程及其连续性,日常预测又可分为静态(或不连续)和动态(或连续)两类预测方法。静态法是指从工作面含瓦斯煤体中提取煤体或瓦斯在某一时刻所处状态的某种量化指标而确定危险性的方法。动态法是指通过动态连续地监测能够综合反映含瓦斯煤体所处应力(或变形)状态的某种指标的方法[73]。近年来,大量的数学或物理方法也被用来预测煤与瓦斯突出,如灰色理论、BP 神经网络、自适应小波基神经网络、信息融合理论以及危险源辨识法等。

1.2.3.1 静态(不连续)预测

静态预测的根据就是含瓦斯煤体性质及其赋存条件的某些量化指标,预测则是考察其中的单个或同时考虑多个指标是否超过临界值。具体说来,目前较多采用单项指标法、综合指标法以及瓦斯地质单元法等。

(1)单项指标法

目前较多采用的指标是钻屑解吸指标 K_1 值、钻屑量 S、瓦斯放散指数 ΔP、钻孔瓦斯涌出初速度 q、瓦斯压力 p、煤体普氏系数 f 等[74],单项指标法部分参数判别标准如表 1-2 所列[75]。

表 1-2 预测突出危险性单项指标[75]

破坏类型	瓦斯放散指数 ΔP	煤的坚固系数 f	煤层瓦斯压力 p	煤层突出危险性
V、IV、III	$\geqslant 10$	$\leqslant 0.5$	$\geqslant 0.74$	突出危险
II、I	<10	>0.5	<0.74	无突出危险

（2）综合指标 D、K 法

煤炭科学研究总院抚顺分院与一些突出矿区合作，根据我国十余个矿区的突出煤层资料，提出了突出预测综合指标 D 和 K[75]。煤层区域突出危险性，可按下列两个综合指标判断：

$$D = \left(\frac{0.007\,5H}{f} - 3\right)(p - 0.74) \tag{1-4}$$

$$K = \frac{\Delta P}{f} \tag{1-5}$$

式中 D，K ——煤层的突出危险性综合指标；

H ——开采深度，m；

p ——煤层瓦斯压力，取两个测压钻孔实际瓦斯压力的最大值，MPa；

ΔP ——软分层煤的瓦斯放散指标；

f ——软分层煤的平均坚固性系数。

（3）瓦斯地质理论法

彭立世、杨陆武等[76-77]提出了利用瓦斯地质单元法进行突出预测的方法。

张宏伟、王魁军等[78]提出了"地层结构的应力分区和煤与瓦斯突出预测分析"方法。

郭德勇、韩德馨院士等[79]认为煤与瓦斯突出构造物理环境由四个因素组成，为地质构造突出危险性判定提供了坚实的理论依据。

不难看出，静态（不连续）法多通过打钻并测量各项参数来实现，造成工程量很大，作业时间较长，与生产交叉影响较大；受各种影响较多，导致误差大、准确度不高；钻孔取点测量是局部的，不能完全代表整个预测范围内的突出危险性；预测过程是静态的，没有考虑突出的延期效应。近年来随着各项科学技术的发展，国内外一些学者正在探索动态非接触式连续预报法，目前这些预测方法正日益引起人们的重视。

1.2.3.2 动态（连续）预测

预测煤与瓦斯突出的动态（连续）方法有很多，但目前常用的预测方法主要有以下几种：瓦斯涌出动态指标法、地震勘探法、电磁辐射法、声发射法以及微震法。

（1）瓦斯涌出动态指标法

国内外的大量的突出实例表明，相当一部分突出发生前，工作面的瓦斯涌出有变化。德国 H·埃克尔等[80]认为突出之前，瓦斯含量出现了一致的高值。煤炭科学研究总院重庆分院与抚顺分院对此也进行了研究，苏文叔[81]根据国内外的研究，综合分析认为，V_{30} 和 K_V 两个指标分别反映了工作面单位落煤量瓦斯涌出量的上升幅值和工作面瓦斯涌出量增大、减小的变化幅度，可作为瓦斯涌出动态预测法的两项主要指标。

（2）地震勘探法

随着地震波动力学理论在地震勘探中的迅速发展,弹性波不仅对岩石具有一定的穿透力和分辨力,它在介质中传播时与介质相互作用,弹性波传播速度将反映与岩石物理力学性质紧密相关的各种信息,岩石内在和外部特征上的差异以及结构和构造的影响[82]。彭苏萍院士等[83]研究了三维地震勘探探测瓦斯突出危险带的技术,通过对断层破坏和褶皱变形程度的定量评定划分出瓦斯突出危险带。

(3) 电磁辐射法

俄罗斯学者 V. I. Frid[84] 在现场研究了煤的物理力学状态(水分含量、孔结构等)、受力状态瓦斯对工作面电磁辐射强度的影响。王恩元、何学秋等[85-87]对煤等强度较低岩石变形破裂电磁辐射效应进行了研究。研究表明,电磁辐射与煤岩体的载荷及变形破裂过程呈正相关,且随着载荷及变形破裂强度的增加而增加。煤炭科学研究总院重庆分院利用这一原理研制的煤与瓦斯突出危险探测仪,取得了较好的效果。

(4) 声发射法

由于煤岩体的非均质体,其中存在各种微裂隙、孔隙等,以致煤岩体在受到外力作用时就会在这些缺陷部位产生应力集中,发生突发性破裂,使积聚在煤岩体中的能量得以释放,且以弹性波的形式向外传播,从而形成了声发射现象[88]。国外有美国、俄罗斯、日本、加拿大、法国、英国、波兰等国家进行了声发射技术方面研究。早在 20 世纪 40 年代初,美国就利用声发射技术监测金属矿井的岩爆。近年来,加拿大的研究人员研究了多种声发射系统,用于岩爆预测。苏联的顿巴斯煤田对声发射用于煤与瓦斯突出预测进行了较多研究工作,早在 1974 年,突出严重的中央区已有 121 个工作面采用了这项技术。20 世纪 80 年代初,澳大利亚研究了双声道声发射突出预测系统。英国的声发射突出预测系统从 1983~1987 年在南威尔士煤田进行了试验,但在试验过程中没有发生过突出。而我国的研究起步较晚,在现场应用也较少。平顶山矿务局从俄罗斯引进了声发射监测系统,并用于煤与瓦斯突出预报试验研究。煤炭科学研究总院重庆分院生产了声发射监测系统,"九五"攻关期间在平顶山矿区进行了应用。煤炭科学研究总院西安分院也研制了 MJY-1 型声发射实时监测系统,并在平顶山十矿进行了现场试验。声发射方法虽然能够连续较有效地评估煤层边缘的突出危险性,但存在许多缺点,主要是仪器结构及信号接收、转换都很复杂,且要求压电传感器与煤壁能够很好地耦合,这在实际上是非常困难的[73,89]。

微震与声发射两种预测方法之间有联系又有区别,其研究现状将进行单独的评述。除了上述介绍的相关突出预测方法外,许多研究人员还提出了利用煤岩本身其他性质来预测突出危险性。如利用煤的电物理参数预测瓦斯突出的电物理方法;根据煤体温度异常的变化特征;根据巷道底板喷出的地震声响谐振法;根据突出源与煤体中有机物中存在的标志型元素之间规律性的关系预测突出的地球化学法;还有利用电子顺磁谐振光谱来评定煤层突出危险性等。

1.2.3.3 数学或物理方法预测

煤与瓦斯突出的发生是由诸多因素决定的。突出灾害的发生是极不规则的,大多数都处于复杂的非线性状态。目前,先进的理论方法如模糊数学理论、人工神经网络、计算机模拟、专家系统、灰色系统理论、分形理论、流变与突变理论等非线性理论已开始应用于煤与瓦斯突出的定量评价与分析中,并取得了一定的研究成果[74]。

李春辉等[90]利用非线性的 BP 人工神经网络建立煤与瓦斯突出强度预测模型,预测煤与瓦斯突出强度的大小,为矿井瓦斯突出的预测提供了一种预测精度较高的方法。

王灿召[91]用灰色模型对瓦斯涌出数据进行了模拟和预测。

高庆华等[92]提出了一种具体的信息融合结构,该结构能在考虑到融合速度和融合结果精度的同时,还能保证融合处理方法的容错性。

谭云亮等[93]建立自适应小波基神经网络激活函数模型,用于煤与瓦斯突出系统的辨识和预测。

孙斌[94]将危险源理论和煤矿瓦斯事故相结合,提出煤矿危险源这一全新概念。

何俊等[95]采用分形几何学手段研究了井田地质构造的分形特征,并将构造分维数与突出危险性作了对比分析。

肖福坤等[96]运用非线性理论的重要分支——突变学理论对煤矿煤与瓦斯突出的机理和突出条件进行了定性分析,从而为煤与瓦斯突出灾害预测与防治提供了新的理论依据。

可以看出,数学或物理的非线性方法为煤与瓦斯突出危险性的预测提供了一种新的途径,具有一定的指导意义。但各种预测模型对原始输入数据的准确性要求较高,需要根据实际情况合理地选择预测指标,具有一定的局限性。

1.2.4　微震监测技术及其应用

声发射与微震现象是 20 世纪 30 年代末由美国 L·阿伯特和 W.L·杜瓦尔发现的[97]。微震是一种在矿井深部开采过程中发生岩石破裂和地震活动,常常是不可避免的现象。由开采诱发的地震活动,通常定义为:在开采坑道附近的岩体内因应力场变化导致岩石破坏而引起的地震事件[98]。

目前,世界各国逐渐把声发射(微震)技术作为一种监测预警手段。如:德国、波兰、南非、美国、英国、加拿大及澳大利亚等主要采矿国家,取得了较好的成果[99]。

(1)德国

早在 1908 年,明特洛普(Mintrop)在德国鲁尔煤田的波鸿地区建立了第一个用于矿山观测的台站。20 世纪 40 年代末,德国人凯泽(Kaiser)发现对材料进行重复加载时,只有当载荷接近或达到材料先前所受的最大载荷后,才会有明显的声发射信号产生,这就是著名的 Kaiser 效应。Kalser 效应的发现标志着声发射技术开始应用于材料科学领域,但是直到 20 世纪 60 年代,声发射技术作为一种金属和非金属材料无损检测技术才开始用于监测和评价工程构件以及岩体结构的稳定性。在此之前,无论在科学界还是技术领域关于声发射研究的文献并不多见。

(2)波兰

波兰是世界上冲击地压危害较为严重的国家,也是系统研究冲击地压最早的国家之一。波兰自 20 世纪 60 年代出现冲击地压现象以来,就开始了冲击地压监测和治理方面的研究工作,特别是冲击地压监测技术与装备一直处于世界前列。波兰的微地震监测系统从最早的 SAK 和 SYLOK 系统到最新的 ARAMIS M/E 共有 5 代产品。最近 EMAG 研究中心开发的新型地音监测系统 ARES-5/E,主要用于监测工作面周围岩层的破裂。

(3)南非

南非于 1939 年设计并布设了 5 个机械式地震仪,并在地面组成台阵,主要为矿震定位。虽然自矿区开采以来地震活动性和采矿的关系已经看得非常清楚,但是,盖恩(Gane)等人在金山地区第一次描述了深部金矿开采过程和地震活动的直接关系。S. J. Gibowicz 在由采矿诱发的微震活动性综述中,介绍了采矿诱发微震的研究进展,并提出在对采矿诱发的矿震研究中引入地球物理方法。20 世纪 60 年代初期,南非的学者开始利用微震研究硬岩矿井深部开采过程中的岩爆问题,这些研究表明微震监测技术能够对矿山岩爆进行定位,极大地推动了微震监测技术在矿山岩爆中的应用。

(4)美国

20 世纪 30 年代末,美国矿业局在采用声波探测技术研究矿井岩爆问题时,偶然发现了受载岩石会向外界发射声波的现象,他们当时把这种现象称之为"Rock Talk"。随后,大量的实验室和现场试验都验证了这种被称为"Rock Talk"的现象,即声发射(微震)活动现象。美国在 20 世纪 40 年代开始应用微震法监测给矿井造成严重危害的冲击地压。20 世纪 60 年代中期,为了使微震监测技术真正成为矿山安全监测的一种有效手段,美国矿业局在微震监测技术应用方面进行了重点研究,通过系统深入的研究,微震监测硬件和软件系统都得到快速发展;再加上这期间对声发射(微震)监测理论、实验研究和现场测试工作相继开展,从而为微震监测技术的工业化应用奠定了基础。近些年,为了验证和开发微震监测技术在地下岩石工程(如地热水压致裂、水库大坝)、石油、核废料处理等中所具有的巨大潜力,其进行了一些重大工程应用实验。直到今天,声发射(微震)监测技术已经在岩土力学和工程以及其他众多研究领域得到了广泛应用。

(5)英国

P. Young 教授领导的 KEELE 大学应用地震实验室 ASL(Applied Seismology Laboratory),主要从事岩石力学方面的微震基础应用研究。而位于加拿大金斯敦的工程地震组织 ESG(Engineering Seismology Group)的主要成员是出自 P. Young 教授的门下,该组织主要进行工程实际现场应用研究。

(6)加拿大

20 世纪 80 年代中期到 90 年代初期,加拿大一些矿井发生多起岩爆事故,在加拿大联邦政府、安大略湖省政府以及一些矿业公司的资助下,从 20 世纪 80 年代后期开始到 90 年代,加拿大的研究学者对如何有效利用微震监测技术对冲击地压和岩爆等煤岩动力灾害进行监测监控并做了大量的研究,这些研究极大地推动了微震监测技术在加拿大采矿业的应用,从此微震监测技术作为一种研究矿山压力和岩层控制的重要手段,在监测监控矿山压力和岩层活动中得到了广泛的应用,到 20 世纪 90 年代,加拿大已有超过 20 个具有岩爆倾向性的矿井安装了微震监测系统。金斯敦的工程地震组织和加拿大原子能公司的研究机构合作,开展了微地震研究,研制了 ESG 微震监测系统,在世界应用广泛。

(7)澳大利亚

联邦科学与工业研究院 CSIRO 从 1992 年开始对采矿诱发的微震现象进行研究。在高登斯通矿等其他几个矿区对微震活动进行了研究。在阿平地区,对采矿引发的微地震也进行了布网监测。现阶段,澳大利亚的微地震研究主要是针对现场的应用。如根据现场的具体情况进行微震监测系统的开发研制,包括传感器、数据采集及存储、传输器件的选型组配技术,整套监测系统的现场布设技术。

从上述国家对微震监测技术的研究与应用情况可以看出,微震监测技术成为了矿山等领域安全生产的一个有机组成部分,特别是已经逐渐转变为矿山开采诱发动力灾害监测的主要技术手段。而我国开展微震方面的系统研究较晚,工程应用也较少,但经过几十年的努力发展,取得了很好的效果,并逐步得到了各研究机构与工程领域的重视与认可。

1959 年北京门头沟矿使用中国科学院地球物理所研制的 581 微震仪,进行了岩爆活动的监测;1976 年唐山地震后,在一些矿井安装了地震仪,用于矿震的监测;长沙矿山研究院开发了便携式智能地音分析仪及多通道声发射监测系统;1984 年,国家地震局用自制的慢速磁带地声仪对地声信号进行事后数据采集并对震源参数进行提取和分析,获得了丰富的成果,同时,各冲击地压较为严重的煤矿曾陆续引进波兰的地音-微震监测定位系统(SAK-SYLOK),但均没有坚持连续监测;1995 年以来,国家地震局地球物理研究所在华丰、三河尖以及抚顺等煤矿安装了微震监测系统;1999 年,国家地震局地球物理研究所运用俄罗斯的地音系统在实验室开展了矿山地震成因机理的岩石力学声发射模拟系统,获得了一定的成果[100-104]。

上述研究取得了很好的成果,为微震系统在我国矿山安全生产中的应用做出了很大的贡献。但也不难看出,受材料、计算机及通讯等条件的限制导致监测设备单一与陈旧;且大部分被安装在地面;监测通道少、带宽小、精度低、规模小;多用于岩爆或冲击地压方面的监测,在其他领域的应用几乎没有,很显然,远远不能适应矿山等领域安全监测的需要,以致在一定时期内发展较为缓慢,甚至停止了使用。2000 年以来,随着各项技术的发展,微震监测技术得到了全面的改善,逐渐得到了各领域的重视并进行了大量的研究与应用工作。

长沙矿山研究院李庶林等[105]运用加拿大设备在凡口铅锌矿建立了监测冲击地压的微震监测系统。山东科技大学姜福兴等[106]与澳大利亚联邦科学院联合,针对矿山的不同灾害,引进了用于岩层破裂监测的微震监测系统,并对此系统进行了软件和硬件的改进,设计了适用于井下的微震定位监测系统,用于实时监测岩体破裂灾变过程及采动应力场的分布变化过程,并在多个矿山进行了推广应用。中国矿业大学窦林名等[107]从波兰矿山研究总院引进了 SOS 微震监测系统,已经在十几个具有冲击地压现象的矿井安装,预测了多次矿震和冲击矿压事件,研究了高应力集中区域以及冲击地压过程中的矿震活动规律,通过微震信号的时-频分析技术,总结提炼了不同微震信号的重要波形特征,提出了冲击地压危险的分级预测准则,应用综合指数法、微震法、电磁辐射法和钻屑法,形成冲击地压的时空分级预测技术体系,大大降低了矿井可能造成的灾害。陆菜平等实验研究了组合煤岩的冲击倾向性与煤岩体物理力学参数之间的变化规律,揭示了组合煤岩的冲击倾向性与微震信号特征参数之间的相关关系,尤其是冲击破坏前兆的微震效应,研究表明试样冲击破坏之前,微震信号的主频谱向低频段移动,且振幅开始急剧增加可以作为煤岩体冲击破坏的一个前兆信息。谭云亮等对冲击地压声发射前兆模式进行了初步研究,提出了冲击地压的声发射四种前兆模式:单一突跃型、波动型、指数上升型和频繁低能量前兆型。潘一山等研制一套矿区千米尺度破坏性矿震监测定位系统,用来监测每天矿震发生的时间、次数、位置、震级,并进行统计分析,可对未来的矿震进行预测。谢和平将微震事件分布与岩石破裂的分形特征结合起来,认为冲击地压实际上等效于岩体内破裂的一个分形集聚,其能量耗散随分维数的减少而按指数规律增加,当分维数减至最小值时意味着能量耗散最剧烈从而产生冲击,微震事件的分布也具有分形特征,因此,可以通过微震事件位置的分布来计算岩体破裂过程中分形维数,从而利用微震事件的分布来预测冲击地压。王恩元等系统研究了煤岩体在不同加载路径下的声发射信号及频谱特征,认为受载煤岩体的变形破裂及声发射信号并不连续,声发射信号符合赫斯特统计规律;在受载煤岩体的破裂过程中,声发射信号基本呈现逐渐增强趋势,声发射的频谱特征变化与煤体变形破裂过程密切相关;并将声发射作为对比信号研究了煤岩电磁辐射的时域、频域和非线性特征、影响因素和产生机理以及煤矿采掘过程中煤岩电磁辐射规律、煤岩动力灾害演化过程的电磁辐射规律及影响因素,发明了煤岩动力灾害声电瓦斯实时监测预警技术方法及系列装备,成功应用于冲击地压、煤与瓦斯突出等煤岩动力灾害的监测预警。中南大学唐礼忠等[108]运用南非的微震设备在冬瓜山铜矿安装了用于监测岩爆灾害的微震监测系统。2004年以来,大连理工大学唐春安等[109-113]在引进加拿大微震监测设备的基础上,借鉴国际上微地震的监测成果,对监测系统进行了多项改进工作,获得了多项知识产权。将矿山微震活动信息与采动应力相结合,借助大规模科学计算,分析了采场以及巷道围岩内部岩体的应力积累、应力阴影和应力迁移过程,建立了以应力场分析为背景的微震活动分析方法,对冲击地压和边坡稳定性进行预测预报。目前,该系统在红透山铜矿、张马屯铁矿、石人沟铁矿、义马跃进与千秋煤矿、新庄孜煤矿、锦屏一级水电站边坡、锦屏二级水电站隧道以及大岗山水电站边坡等领域进行了监测工作,深入开展了突水、岩爆(冲击地压)、滑坡以及煤与瓦斯突出等煤岩体动力灾害方面的研究工作,取得了成功的应用。

近两年来,随着经济的发展及其对能源的需求,微震监测系统得到了各相关领域的重视,并被大量地运用于煤岩体动力灾害方面的预测预报研究。但国内一些矿山引进安装的微震监测系统,多用于整个矿井级别的冲击地压等动力灾害监测预报方面,而应用于煤与瓦斯突出危险性方面的微震监测较为少见,特别是针对掘进工作面的煤与瓦斯突出问题的监测预警研究成果鲜有报道。而且,由于煤岩动力灾害机理的复杂性、监测设备的适应性以及后续维护管理等方面的原因,很成功的案例几乎没有,加上设备价格方面的原因,在我国,微震监测系统还远没有达到普及应用的程度。

1.3 研究存在问题与发展趋势

基于相关研究现状的深入理解与分析,采动影响下煤岩劣化诱发煤与瓦斯突出灾害机理与预测研究存在以下三个问题:

(1)传统的瓦斯突出预测以瓦斯赋存条件、分布特征等瓦斯地质为依据的煤与瓦斯突出危险性分类方法,未能抓住采动煤岩劣化诱发瓦斯突出灾害的本质特征。

绝大多数情况下,煤与瓦斯突出都是与开采过程中的应力场扰动所诱发的煤岩劣化过程灾变的结果。即使是不伴随煤层突出的瓦斯突出事故,也多是因为含瓦斯煤层中因应力场的变化诱发了大量微裂纹的萌生或贯通所造成的。煤层中微裂纹的大量萌生造成大量瓦斯的析出,而大量微裂纹的贯通则导致大量瓦斯的溢出,直至诱发瓦斯事故,或煤与瓦斯突出,或瓦斯爆炸等。也就是说,在瓦斯突出灾害出现之前,都有煤岩劣化所表现出的微破裂前兆。而煤岩劣化诱发微破裂活动的直接原因则是煤岩层中应力或应变增加的结果。因此,瓦斯突出的预测不能仅关注瓦斯赋存条件、分布特征而进行突出危险性分类的老路,必须寻找诱发瓦斯大量涌出的本质机理与规律,加强开采诱发煤岩劣化灾变的微破裂演化规律研究,在力学的更高层次上对瓦斯突出灾害的危险区域进行分类,建立以瓦斯地质与采动诱发煤岩微破裂演化特征分析相结合的突出危险性预测的理论基础。

(2)传统的瓦斯突出预测方法以瓦斯浓度、压力等表观信息为监测对象,难以掌握突出危险性预测所必需的前兆特征。

从本质上说,煤与瓦斯突出灾害是一个开采扰动条件下煤岩由渐进劣化诱发灾变的非线性动力失稳过程。通常,瓦斯表观指标的监测手段只能给出煤岩体宏观破裂瓦斯涌出后的结果,而对煤岩体内部可供瓦斯运移的裂隙通道形成演化过程却无能为力。另外,针对煤岩地质体破坏、失稳机制的复杂性,紧紧抓住煤岩地质体劣化过程这个涉及失稳问题的本质,从煤岩地质体的非均匀性和非连续性两个关键特征入手,在充分考虑煤岩地质体力学性质、环境因素和开采过程时空演化过程复杂性的基础上,从探索动力灾害孕育的内在动因和地质环境劣化入手,建立煤岩地质体劣化过程灾变机理、成因、特征的描述方法,揭示采动应力场与地质环境劣化之间的时空内在联系和微破裂前兆规律[112]。因此,瓦斯突出的预测不能仅依靠只关注瓦斯浓度监测的老路,更不能就瓦斯灾害问题而单一地监测瓦斯浓度和压力,必须研究瓦斯突出灾害孕育过程中煤岩劣化的时空演化及其前兆特征。

（3）传统的瓦斯突出表观参数预测方法多以局部位置为监测对象,缺乏对周围煤岩体作用的整体评价。

相互作用是失稳现象的灵魂。煤岩与其周围环境的相互作用,将带来失稳现象的高度复杂性。相同的煤岩,当其周围环境介质的性质有差异时,很可能表现出极其不同的破坏序列特征,从而得到不同的破坏模式。通常破坏问题的研究都只关心破坏体本身的性质,包括破坏时的能量释放。但进一步研究发现煤岩破裂时的能量释放远远不止是破坏体本身的能量释放。对于突出这种灾难性的破坏而言,促使煤岩破坏的真正动力源主要来自破坏体周围介质的弹性能释放[113]。因此,瓦斯表观指标监测只能对煤巷中的局部位置进行监测,其结果不能反映相邻范围内的煤岩体变形情况,因而难以通过这些监测对煤岩体结构的裂隙损伤过程进行全面的宏观评价。

发展趋势是以断裂损伤力学、采矿地质学及瓦斯流体学为理论基础,结合现代力学理论、非线性系统科学、计算机科学理论和控制理论,采用多种手段相结合的方法,从量化角度研究瓦斯突出机理,研究地应力及瓦斯压力在突出中的耦合作用,研究瓦斯突出灾害孕育过程中的微观机理以及时空演化特征,探寻瓦斯突出灾害孕育—演化—发生的微破裂前兆信息,为有效预警并防治突出提供理论基础。

1.4　主要研究内容与方法

煤与瓦斯突出是一种复杂的动力灾害现象,也是当前瓦斯矿井必须要努力研究的重大关键科学问题,深入研究复杂采动条件下煤与瓦斯突出机理和有效的预警方法是采取及时合理防治方法与措施的重要前提。针对上述理论与技术体系方面尚需要进一步深入研究的科学问题,本项研究在国家自然科学基金重点项目"采动煤岩地质环境劣化诱发矿山动力灾害机理研究"（课题编号:40638040）与国家"十一五"科技支撑计划项目（课题四）"淮南矿区瓦斯突出机理与预报方法与关键技术研究"（课题编号:2007BAK28B00）的支持下,紧紧围绕煤与瓦斯突出前兆规律这一核心主题,系统开展了相关理论分析、数值模拟实验、监测系统改进试验及其现场工业性试验等方面的研究工作,旨在对我国的瓦斯矿井煤与瓦斯突出灾害的防治工作具有一定的指导意义。

1.4.1　研究内容

本书基于煤岩破裂过程中的微破裂是煤与瓦斯突出等矿山动力灾害共性特征的基本认

识,突破以瓦斯表象信息监测为依据进行煤与瓦斯突出灾害预警的传统思路,从开采应力扰动诱发煤岩破裂过程灾变导致瓦斯突出发生的本质出发,以微震监测技术为手段,通过微震监测揭示煤与瓦斯突出孕育的内在动因和前兆规律,探寻采动应力场、损伤场及渗流场的耦合效应机制,分析覆岩采动裂隙、巷道掘进工程及其临近断层等构造异常区的微震演化规律,旨在为煤与瓦斯突出微震监测预警方法的研究提供理论依据,并通过工程实践初步验证微震监测系统在煤与瓦斯突出监测预警和预防的可行性。基于微震监测原理及技术,进一步分析了地面煤层气水力压裂钻孔间裂缝形成规律,建立了矿井动力灾害应急救援微震监测方法。研究内容主要有以下几个方面:

(1)煤与瓦斯突出机理与灾变特征。详细阐述煤的微观结构、吸附与解吸特性以及渗透特性等物理力学特性,重点分析地应力、瓦斯压力与煤本身物理条件及其耦合作用对突出过程的影响;详细描述突出过程中的力学作用机理;根据瓦斯渗流与煤岩体变形的基本理论,建立含瓦斯煤岩破裂过程气固耦合作用的数学模型,分析并完善了应力场—损伤场—瓦斯渗流场的多场耦合时空演化规律;探讨突出过程前兆规律研究的必要性与可行性,揭示由于煤岩非均匀性与局部化破坏前兆规律的根源与内在动因,并采用 RFPA^{2D}-GasFlow 软件模拟再现突出过程背景应力场演化及其微破裂前兆活动的信息。

(2)瓦斯突出过程中的微震效应及微震监测原理。深入揭示煤岩破裂过程的微震产生力学机理,运用数值实验模拟计算分析载荷下煤岩样的初始裂纹出现及扩展过程,进一步验证煤岩破裂过程中存在的声发射(微震)现象;基于声发射(微震)信号产生的机理理论,揭示声发射与微震的关系,并深入分析微震震源机制及信号形态特征;系统阐述微震监测原理及微震监测技术的类型、监测目的与特点等。

(3)微震监测系统开发、改进及其设计构建。研制开发微震和瓦斯信息三维可视化及远程传输系统,结合微震数据采集仪的特点,改装并重新设计其防爆箱,改进传感器的固定、安装装置及其安装方法;通过分析定位精度误差的方法研究传感器阵列优化设计方案,深入研究 Geiger 法与单纯形法对定位精度的影响,并采取人工爆破试验标定波速模型的方法,重点研究监测区域波速的优化选取及其对震源定位精度的影响,提出传感器的布置原则;深入分析微震信号的主要类型以及噪声信号的来源及其特点,阐述长短项平均值法(STA/LTA)信号检测滤除原理与多参量识别分析方法,结合监测现场信号类型与特点,建立一套多参量识别与滤除噪声的综合分析方法;详细总结微震信号传输模式及其特点,构建基于光纤传输技术的微震系统网络结构;设计微震系统在灾害救援中应用的模拟测试试验方案,进一步探索矿山抢险救灾的新途径。

(4)采掘工作面煤与瓦斯突出危险性评价与预警。结合微震参数的特点,考虑评价指标的时间效应,建立突出危险性评价指标;基于正态分布函数理论,建立描述突出危险性的 2σ 预警模型,确定危险性预警临界值;揭示突出过程与采动煤岩破裂规律之间的演化关系;重点研究断层滑移失稳力学机制及准则,揭示掘进巷道断层"活化"过程的演化规律;并结合工程实例分析,深入研究 2σ 预警模型评价掘进巷道及其含断层巷道突出危险性的可靠性。

(5)采场覆岩采动裂隙演化特征及其在瓦斯抽采中的应用。在煤矿开采沉陷学理论的基础上,深入阐述覆岩破坏的"横三区竖三带"基本特征及其确定方法,详细分析工作面前方覆岩支承压力与裂隙的分布规律,并着重解释采动裂隙"O"形圈基本原理;结合覆岩破坏的基本理论,建立采动覆岩的力学模型,采用数值模拟的方法对覆岩采动裂隙的初始萌发、扩展直至宏观裂纹贯通的过程及其声发射、能量的动态演化规律进行详细的分析,运用分形几何理论,深入地研究覆岩采动裂隙的分维数变化规律;重点揭示沿空留巷首采卸压层钻孔法瓦斯抽采机理,着重说明覆岩瓦斯富集区的确定原理及采动裂隙场的考察参数,并结合工程实例,详细分析覆岩采动裂隙的分布特征,依据裂隙区分布参数的变化规律对顶板倾向低位瓦斯抽采钻孔的孔深与夹角进行优化。

1.4.2　研究技术路线

根据上述研究思路与研究内容,制定了可行的研究技术路线,如图1-5所示。

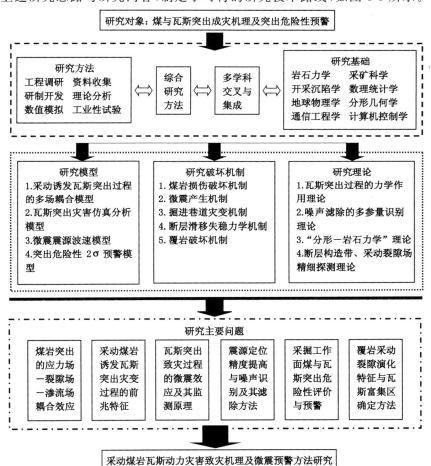

图1-5　研究技术路线框图

2　采动煤岩瓦斯突出机理与灾变特征

煤与瓦斯突出过程极其复杂,突出多被认为是受到采动影响的煤体在地应力、瓦斯压力以及煤体力学性质等综合作用下,煤岩体发生失稳破坏而突然产生的动力现象。对于瓦斯突出灾害的机理及预测而言,更应该着重于突出的机理与灾变特征方面的研究。本章主要对瓦斯突出过程中的基本特点、力学作用原理、多场耦合机制以及灾害孕育的微破裂前兆规律进行探讨分析。

2.1　煤与瓦斯突出的特点

2.1.1　煤岩的物理力学特性

（1）煤的微观结构

煤特别是被破坏比较严重的构造煤层是一种典型的结构性孔隙、构造裂隙和颗粒骨架所构成的多孔介质结构体[114],如图 2-1 所示。其中,结构性微细孔隙占总空隙的绝大多数,而构造裂隙虽然较结构性孔隙要宽大很多,但在总空隙中所占的体积比例则相对较小。通常,煤体可按多孔介质处理,孔隙主要起到储集流体（油、水、气体等）的作用。若孔隙结构发育,则煤层赋存能力强、透气性好,瓦斯抽采效率很高。

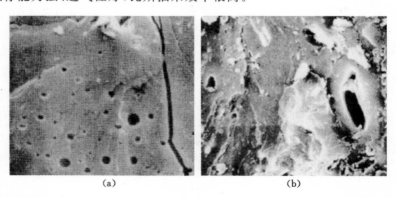

(a)　　　　　　　　　　　　(b)

图 2-1　煤的微观孔隙结构[114]

（2）煤的吸附与解吸特性

煤体内,孔隙半径在 400 nm 以下的微孔占总孔隙体积的 90% 左右,所以煤体内部的表面积是很大的,这就为煤体吸附某些气体创造了条件。在孔隙的内表面,煤体分子所受的力是不对称的,故在煤体孔隙的内表面上产生了剩余价力,这个剩余价力会使碰撞到孔隙表面的某些气体分子被吸附[115]。

（3）煤的渗透特性

煤岩内部含有从微孔到大孔及裂隙等各种类型的孔隙通道,直径小于 10 nm 的孔隙构成瓦斯的吸附容积,而大于 10 nm 的孔隙是瓦斯渗流的主要通道。在煤层内,瓦斯沿裂隙的流动基本上是层流运动,服从达西定律[116],通过煤样的瓦斯流量与压力梯度及透气性系数成正比:

$$q = -\frac{kA}{\mu}\frac{\mathrm{d}p}{\mathrm{d}x} \tag{2-1}$$

式中　q——单位时间内在 1 m² 的煤面上流过的瓦斯流量,m³/(m²·d);

　　　k——煤的渗透率,m²;

　　　A——煤的截面积,m²;

　　　μ——流体黏度,Pa·d;

　　　$\frac{\mathrm{d}p}{\mathrm{d}x}$——作用在煤两端的流体压力梯度,Pa/m。

2.1.2　突出的影响因素

通常,在突出的过程中,地应力、瓦斯压力是发动与发展突出的动力,煤物理力学性质是阻碍或推动突出发生的因素[117]。因此,在研究突出发生条件时,需要搞清楚地应力、瓦斯压力与煤物理条件对突出过程的影响。

（1）地应力

地应力在瓦斯突出中起双重作用,一方面增强了煤体抵抗破坏的能力,另一方面使煤体发生剪切破坏。地应力对瓦斯突出起促进作用还表现在其增强了瓦斯的存储能力[118]。可以认为,突出发生的一个充要条件是:煤岩具有较高的地应力,从而使得潜能有可能突然释放。

（2）瓦斯压力

通过对煤与瓦斯突出孕育和突出阶段的瓦斯作用进行分析得出,在孕育阶段瓦斯的主要作用是通过吸附煤体表面,使煤体强度降低,提高煤的脆性刚度;煤体在受到地应力破坏后,决定能否发生突出的是煤体向大裂纹中释放瓦斯的膨胀能,这种膨胀能是瓦斯突出的主要能源[119]。煤裂隙和孔隙中的游离状态或吸附状态瓦斯,将会不断压缩煤的骨架促使煤体中产生潜能,以至于具有很大的瓦斯压力梯度。瓦斯突出发展的另一个充要条件是:有足够的瓦斯流把碎煤抛出,且突出孔道要畅通,以在孔洞壁形成较大的地应力和瓦斯压力梯度,从而使煤的破碎向深部扩展。

（3）煤的物理力学性质

煤结构和力学性质,与发生突出的关系很大,因为煤体和煤的强度性质、瓦斯解吸和放散能力、透气性能等,都对突出的发动与发展起着重要作用。通常,煤愈硬、裂隙愈小,要求的地应力和瓦斯压力愈高;反之亦然。因此,在地应力和瓦斯压力为一定值时,软煤分层易被破坏,突出往往只沿软煤分层发展。另外,多数突出事故的发生地点附近都有地质构造,或煤层厚度、倾角等赋存参数明显变化,或处于保护层煤柱影响区和其他应力增高区[120]。

因此,瓦斯突出是地应力、瓦斯和煤的物理力学性质三者综合作用的结果,是积聚在煤岩体中大量潜在能量的突然释放。其中,高压瓦斯在突出的发展过程中起决定性的作用;地应力(构造应力、自重应力、采动应力、温度应力等)突变和采掘活动扰动是诱发突出的因素;煤的物理力学性质则对突出过程起到抑制或促进的作用。上述三者是统一的有机整体,应该着重研究其耦合演化关系。

2.1.3 深部突出的响应规律

煤矿进入深部开采后,在"三高一扰动"(高地应力、高温、高岩溶水压与采掘扰动)作用下,深部煤岩的力学环境较浅部发生了很大变化,从而使深部煤岩表现出特有的力学特征现象。如:地应力场复杂化、大变形、强流变与突变性、脆—延性转换及岩溶水的瞬时性。特别是受"深部"的影响,由于瓦斯运移不畅,大量的瓦斯非均匀地分布在煤岩体的裂隙内,并释放到采掘工作面内,从而造成瓦斯含量急剧增加[121]。上述现象将造成瓦斯含量迅速增加,突出的次数与强度也相应地增多。因此,深部条件下,瓦斯突出的机理与预警防治研究工作将会变得更加复杂化,需要进一步地加大研究工作,为揭示深部开采突出机制提供理论基础。

综上所述,从瓦斯突出的孕育与发生的力学过程来看,首先,在高地应力的作用下,煤体逐渐破裂,产生裂隙并形成通道,瓦斯也不断解吸;其次,解吸与游离的瓦斯迅速形成瓦斯膨胀能,粉碎煤体,并将表面破坏的煤体抛出,推动地应力峰值移向煤体内部,继续破坏煤体。所以,研究煤岩在高地应力下的破坏机制、煤岩裂隙场的孕育发展过程以及瓦斯的渗流演化规律之间的耦合效应是至关重要的。

2.2 煤与瓦斯突出的基本力学与能量原理

2.2.1 突出过程的力学作用机理

(1) 突出的激发与发动机理

突出的发动从煤壁的失稳开始,如果煤体是沿某一高角度结构弱面形成,失稳煤体在重力势能和较小的弹性势能、瓦斯内能作用下抛出,形成倾出类动力现象;如果煤体不是沿高角度结构弱面形成,而且深入煤体一定深度,主要在弹性势能和不高的瓦斯内能作用下抛出,形成压出类动力现象;如果失稳煤体和压出类动力现象相似,失稳煤体主要是在瓦斯内能和相对较小的弹性势能作用下抛出,则形成突出类动力现象[122]。

(2) 瓦斯突出的力学作用过程描述

通常,突出的整个过程被划分为四个阶段,包括准备、发动、发展和终止,如图 2-2 所示。突出的准备阶段是酝酿阶段;突出的发动阶段是指从准备阶段静止的煤体到煤岩与瓦斯突出发生这一突变点,发动的标志是煤岩体破坏失稳并被抛出;突出的发展阶段是指从突出的最初发动到突出终止所经历的过程,这是一个煤岩体持续破坏失稳和抛出的过程;当发展过程出现衰减并最终达到新的力的平衡,使煤岩体持续破坏失稳和抛出的条件不能满足,就进入了突出终止的临界点[123]。

突出发展阶段又包含孔洞周围煤岩体粉化破坏和层裂破坏两个子阶段,如图 2-3 所示[124]。

2.2.2 突出过程的能量动态平衡

对于松软煤体,采掘扰动下煤体内积聚的能量主要包括煤层弹性应变能与瓦斯膨胀能,在一定条件下这两种能量将会转换成突出释放的能量。文献[125]研究了煤与瓦斯突出过程中的能量耗散规律,他们认为:在突出过程中,煤体质点内各种能量的耗散不是在同一瞬间完成的,在弹性潜能消耗于煤体的破坏后,瓦斯能才开始释放并消耗于煤体的撕裂与抛出

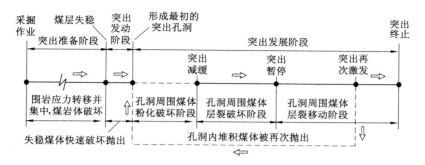

图 2-2　煤与瓦斯突出的力学作用过程描述[123]

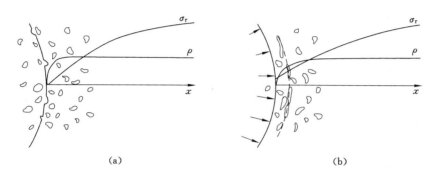

图 2-3　突出发展时孔洞壁的径向应力和瓦斯压力分布[124]

(a) 粉化阶段；(b) 层裂阶段

过程。可以看出，瓦斯突出主要取决于突出释放能量与突出过程所耗散能量的动态平衡。当突出释放的能量大于耗散的能量，突出将会发生；反之，则不发生突出。因此，研究采掘过程中瓦斯突出能量累积与耗散规律具有非常重要的意义[126]。

2.2.2.1　突出释放能量

（1）弹性应变能

在忽略其他方向的应变情况下，则巷道方向变形能为 $w = \dfrac{\varepsilon\sigma}{2}$，当应力由 σ_1 变到 σ_2 时释放的弹性应变能为 $w = \dfrac{\sigma_1^2 - \sigma_2^2}{2E}$。由于煤层弹性模量 E 较小，煤层应变 ε 较大，应力引起的弹性应变能较小。所以，在突出过程中，突出能量主要来自于瓦斯膨胀能。

（2）瓦斯膨胀能

采掘工作面突出煤层总瓦斯膨胀能可表示为：

$$w = \sum_{i=1}^{n} k_i V_i \rho \left(X - \int q_i \mathrm{d}t \right) E_i \tag{2-2}$$

式中　k_i——第 i 部分突出瓦斯流残留系数；

$\quad\quad V_i$——第 i 部分突出瓦斯流对应的那部分突出煤层体积；

$\quad\quad \rho$——煤层平均密度；

$\quad\quad X$——煤层平均瓦斯含量；

$\quad\quad q_i$——煤壁瓦斯涌出量函数；

E_i——第 i 部分突出瓦斯流单位质量瓦斯膨胀能。

2.2.2.2 突出消耗能量

文献[127]认为瓦斯突出时主要克服下列阻力而消耗能量。

(1)由于裂隙断面积、断面方向、瓦斯解吸以及分岔，造成瓦斯流的能量损失。

$$\begin{cases} h_z = R_z Q^2 \\ R_z = \dfrac{\xi \rho}{2S^2} \end{cases} \tag{2-3}$$

式中　h_z——局部阻力；

　　　R_z——裂隙局部风阻；

　　　ξ——局部阻力系数；

　　　ρ——瓦斯密度；

　　　S——裂隙断面积。

(2)瓦斯在煤层中流动时，瓦斯间的摩擦和瓦斯与孔隙裂隙壁面间的摩擦形成摩擦阻力：

$$\begin{cases} h_f = R_f Q^2 \\ R_f = \dfrac{kLU}{S^3} \end{cases} \tag{2-4}$$

式中　h_f——摩擦阻力；

　　　R_f——裂隙摩擦风阻；

　　　k——摩擦阻力系数；

　　　L——瓦斯突破距离；

　　　U——裂隙周长。

(3)局部地段裂隙尚未贯通，瓦斯流压力必须大于煤块剪切强度：

$$p' \geqslant \tau = (\sigma - p)\tan \varphi + C \tag{2-5}$$

式中　p'——瓦斯流压力；

　　　τ——煤块剪切强度；

　　　σ——煤块应力；

　　　p——裂隙中瓦斯压力；

　　　φ——煤层内摩擦角；

　　　C——煤层内聚力。

(4)瓦斯抛出煤块必须克服的阻力：

$$F = mg(f\cos \alpha' \pm \sin \alpha') + ma' \tag{2-6}$$

式中　m——煤的质量；

　　　g——重力加速度；

　　　f——被抛煤块与移动面的摩擦因数；

　　　α'——表面与水平面所成的倾角；

　　　a'——煤抛出必须给煤的加速度。

综上所述，瓦斯突出发生与否主要取决于瓦斯突出动力源与突出消耗能在动态酝酿过程中能否保持平衡。

2.3 煤岩突出的应力场—损伤场—渗流场耦合效应

采动条件下,煤岩体内将产生应力集中区,在采动应力场时空演化过程中,促使煤岩发生破裂并形成采动裂隙场,而大量贯通的采动裂隙又为瓦斯的流动提供了良好的通道。因此,研究高强开采条件下,煤岩层垮断、采动应力场的时空演化过程,是掌握瓦斯的流动、涌出与煤岩层垮断及采动裂隙场的时空相关性,进而控制瓦斯突出、瓦斯爆炸等重特大事故发生的理论基础。本节根据瓦斯渗流与煤岩体变形的基本理论,分析采动下突出过程中的煤岩变形破裂机制,建立含瓦斯煤岩破裂过程气固耦合作用的数学模型,并利用该模型针对开采过程中煤岩突出的多场耦合演化规律,模拟研究采动过程中煤岩瓦斯的渗透性及运移流动规律,以期为进一步深入理解采掘扰动下煤岩突出的应力场—损伤场—瓦斯渗流场耦合效应与瓦斯卸压抽采渗流规律提供理论基础和科学依据。

2.3.1 煤岩破裂过程固气耦合效应数学模型

(1) 瓦斯渗流场方程

煤体中瓦斯的运动符合线性渗透规律[126],即:

$$q_i = -\lambda_i \cdot \text{grad}(P) \tag{2-7}$$

式中　q_i——瓦斯渗流速度,m/d;

　　　λ_i——透气系数,$m^2/(MPa^2 \cdot d)$;

　　　P——平方瓦斯压力,$P = p^2$,MPa^2。

煤层中瓦斯含量可近似表示为[128]:

$$X = A\sqrt{p} \tag{2-8}$$

式中　X——煤层中瓦斯含量,m^3/t;

　　　A——煤层瓦斯含量系数,$m^3/(t \cdot MPa^{1/2})$。

将煤层瓦斯气体简化为理想气体,可得到瓦斯在煤岩体中流动的渗流场方程,即:

$$\alpha_p \cdot (\lambda_i \cdot \nabla^2 P) = \frac{\partial P}{\partial t} \tag{2-9}$$

式中,$\alpha_p = 4A^{-1}P^{\frac{3}{4}}$。

(2) 煤岩变形场方程

以位移表示的考虑瓦斯压力的煤岩体变形场方程为[129]:

$$(k+G) \cdot u_{j,ji} + Gu_{i,jj} + f_i + (\alpha \cdot p)_i = 0 \tag{2-10}$$

式中　k, G——拉梅常数和剪切模量;

　　　u——变形位移;

　　　i, j——取 1,2,3;

　　　f——体力,MPa;

　　　α——瓦斯压力系数,$0 < \alpha < 1$。

(3) 透气系数-损伤演化方程

煤岩体在采动下发生损伤变形,单元开始损伤,与此相对应,单元的透气性也发生变化[126]。损伤单元的弹性模量表达如下:

$$E = (1-D)E_0 \tag{2-11}$$

式中　　D——损伤变量；

　　　　E,E_0——损伤单元和无损单元的弹性模量。

单元的破坏准则（F）采用摩尔-库仑准则，即：

$$F = \sigma_1 - \sigma_3 \frac{1 + \sin \varphi}{1 - \sin \varphi} \geqslant f_c \tag{2-12}$$

式中　　φ——内摩擦角；

　　　　f_c——单轴抗压强度。

当剪应力达到损伤阈值时，损伤变量 D 表示为：

$$D = \begin{cases} 0 & \varepsilon < \varepsilon_{c_0} \\ 1 - \dfrac{f_{cr}}{E_0 \varepsilon} & \varepsilon_{c_0} \leqslant \varepsilon_r \end{cases} \tag{2-13}$$

式中　　f_{cr}——抗压残余强度；

　　　　ε_{c_0}——最大压应变；

　　　　ε_r——残余应变。

对应单元的透气系数按下式表达：

$$\lambda = \begin{cases} \lambda_0 e^{-\beta(\sigma_1 - \alpha p)} & D = 0 \\ \zeta \lambda_0 e^{-\beta(\sigma_1 - \alpha p)} & D > 0 \end{cases} \tag{2-14}$$

式中　　λ_0——初始透气系数；

　　　　α,β——瓦斯压力系数和应力影响（耦合）系数；

　　　　ζ——单元损伤时透气系数的增大系数。

对于单轴拉伸下的岩石细观单元的透气系数-损伤耦合方程服从类似的规律。当单元达到抗拉强度 f_t 损伤阈值时：

$$\sigma_3 \leqslant - f_t \tag{2-15}$$

损伤变量 D 按下式表达：

$$D = \begin{cases} 0 & \varepsilon \leqslant \varepsilon_{t_0} \\ 1 - \dfrac{f_{tr}}{E_0 \varepsilon} & \varepsilon_{t_0} \leqslant \varepsilon < \varepsilon_{t_1} \\ 1 & \varepsilon \geqslant \varepsilon_{t_1} \end{cases} \tag{2-16}$$

对应单元透气系数的描述按下式：

$$\lambda = \begin{cases} \lambda_0 e^{-\beta(\sigma_3 - \alpha p)} & D = 0 \\ \zeta \lambda_0 e^{-\beta(\sigma_3 - \alpha p)} & 0 < D < 1 \\ \zeta' \lambda_0 e^{-\beta(\sigma_3 - \alpha p)} & D = 1 \end{cases} \tag{2-17}$$

式中　　f_{tr}——抗拉残余强度；

　　　　ζ'——单元破坏时透气系数的增大系数。

上述式(2-9)、式(2-10)、式(2-14)与式(2-17)即组成了煤岩体中瓦斯流动的固气耦合作用数学模型。

2.3.2　煤岩突出过程耦合效应的数值实现

以含瓦斯包体的采动煤岩体工作面为例，考虑采掘扰动与损伤-渗流的相互作用，采用 RFPA²D-GasFlow 程序分析突出过程中采场覆岩的变形、裂隙演化以及瓦斯渗流通道形成情况,模拟研究采动过程中煤岩瓦斯的运移流动规律,从应力场—损伤场—瓦斯场多场信息的演变角度揭示损伤-渗流诱发煤与瓦斯突出的灾变机制。

（1）数值模型建立

假设开采工作面前上方存在一个瓦斯包体,瓦斯压力不变。模型采用平面应变模型,尺寸为 200 m×200 m,划分为 200×200 个单元。模型周边均设为隔瓦斯边界,左右边界位移约束,底部固定,顶部为自由面,瓦斯包体压力为 3 MPa,工作面开挖尺寸为 35 m×10 m,一次开挖完毕,而圆形的瓦斯包体半径为 12 m,其数值模型如图 2-4 所示。

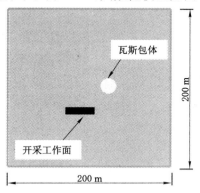

图 2-4　数值计算模型

图中灰度代表煤岩弹性模量的大小,灰度越亮,表示该煤岩的弹性模量越大。另外,煤岩只承受自重应力和瓦斯包体压力,其数值模型的力学参数如表 2-1 所列。

表 2-1　　　　　　　　　　　　　　数值模型的力学参数

力学参数	煤岩体	瓦斯包体
均质度/m	2	10
容重/(kN/m³)	2 000	2 000
弹性模量均值 E_0/GPa	5	50
抗压强度均值 σ_0/MPa	100	300
泊松比 μ	0.28	0.25
透气系数 λ/[m²/(MPa²·d)]	0.1	1
瓦斯含量系数 A	0.1	1
孔隙压力系数 α	0.1	0.95

（2）模拟结果分析

图 2-5 反映了采动下工作面与瓦斯包体之间瓦斯突出通道形成过程中的覆岩应力场—损伤场—瓦斯场的耦合演化规律。可以看出,数值模拟结果较好地再现了煤岩开采诱发的瓦斯突出的整个过程。开采活动不仅破坏了原始地应力的平衡,使地应力重新分布,而且这种应力重新分布影响到瓦斯渗透能力。在煤岩卸荷前,由于应力集中的影响,煤岩中出现了弥散的分布裂纹,但煤岩仍处于完好状态[图 2-5(a)]。随着裂纹的扩展,在瓦斯压力、集中应力及煤岩力学性质的共同作用下,卸荷作用诱发应力场—损伤场—瓦斯场急剧变化,尤其

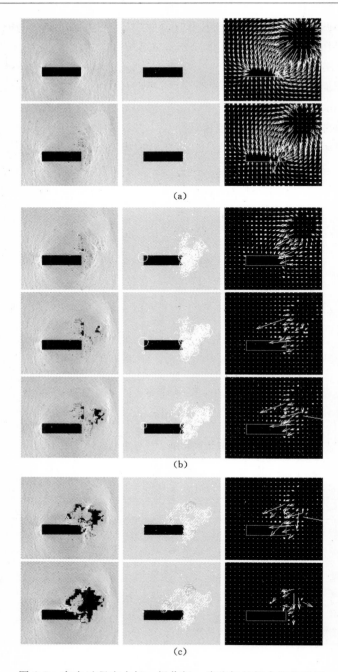

图 2-5　突出过程应力场—损伤场—渗流场的耦合演化规律

(a) 裂纹萌生阶段；(b) 裂纹扩展阶段；(c) 裂纹贯通阶段

在工作面与瓦斯包体之间的部位,煤岩不断发生裂纹萌生、扩展与贯通行为,逐渐改变了裂隙瓦斯渗流与储存的条件,从而加剧了损伤与渗流的灾变进程。此时,瓦斯在相互连通的裂隙中运动,具有势能含义的静瓦斯压力转变成动能,对煤岩不断地冲刷和扩张,最终影响到了煤岩的整体渗透性以及完整性[图 2-5(b)]。之后,随着碎裂煤岩的不断被抛出及瓦斯压力梯度向煤岩深部的推进,同时在煤岩集中应力的作用下,工作面与瓦斯包体之间被压酥、压碎的煤岩在瓦斯压力的作用下被抛出,并形成贯通的瓦斯导通通道[图2-5(c)]。上述突出过程的模拟反映了煤与瓦斯突出是瓦斯压力、地应力及煤岩体的力学性质综合作用的结果,可见瓦斯通道形成是一个复杂的损伤演化过程,同时也说明了突出过程中的煤岩应力场—损伤场—瓦斯场的耦合效应。

另外,煤岩层中应力状态的变化及裂隙演化过程对其透气性也产生较大的影响。图2-6为工作面与瓦斯包体之间煤岩导通前后透气性的变化曲线。由图中可以看出,工作面与瓦斯包体之间煤岩导通之前,若煤岩完整性良好,即使有高瓦斯压力包体的存在,采动破坏区对透气性变化的影响有限;而一旦煤岩破裂贯通之后,煤岩的透气系数发生巨大的变化,其值可能是初始透气系数的数倍。因此,上述煤岩透气性的变化特征必然对煤岩中瓦斯的渗流运移产生重要的影响。

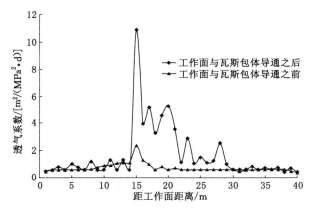

图 2-6　工作面与瓦斯包体之间煤岩透气性的变化

同时,在卸荷初始阶段,煤岩渗流场较为规则,瓦斯透气系数整体上较小。但由于局部拉张应力的作用,以致工作面与瓦斯包体之间裂纹较多,瓦斯透气系数急剧增大,特别是在裂隙通道处透气系数变化非常明显,并发生阶跃。而且,在上述多场耦合过程中也标定出了工作面的突出点位置,此位置处于卸压带(应力降低区),其透气性急剧增高,加速了煤层中瓦斯的流动,导致瓦斯抽采孔周围瓦斯压力降低较快,这也为采取合理的卸压消突或瓦斯抽采措施提供了理论依据。

2.4　煤与瓦斯突出灾变过程的前兆规律

上一节详细阐述了采掘扰动下煤与瓦斯突出过程中煤岩应力场—损伤场—瓦斯场的耦合演化规律,为了进一步研究采动煤岩突出的机理,更应该从寻找诱发煤岩瓦斯突出灾害的本质机理和微破裂前兆规律入手,揭示瓦斯突出致灾的内在动因与共性特征,深入开展突出孕育过程中的前兆规律以及时空演化特征研究,为有效预防煤与瓦斯突出提供科学依据。本节将从煤与瓦斯突出灾变过程的前兆规律的角度着重分析和揭示采动下瓦斯突出的机理。

2.4.1 突出前兆规律的必要性与可行性分析

（1）必要性

一般来说，瓦斯突出是积聚在煤岩体中大量潜在能量的突然释放。从本质上说，煤与瓦斯突出是一个非平衡条件下，由渐进劣化诱发灾变的非线性动力失稳过程。因此，为了准确预警煤与瓦斯突出灾害，就必须研究突出灾害孕育过程中煤岩破裂的微破裂前兆时空演化规律。煤与瓦斯突出问题是矿山开采造成地质环境破裂过程灾变（微破裂萌生、发展、贯通等岩石破裂过程失稳）的结果，在大多数情况下，瓦斯突出灾害出现之前，都有煤岩破裂的前兆，这种前兆主要表现在微破裂演化过程的活动性。而诱发煤岩破裂的直接原因，则是煤岩层中应力或应变增加的结果（包括瓦斯压力引起的地应力或裂纹尖端应力的升高）。因此，煤与瓦斯突出灾害的机理与预警研究，不能仅仅关注瓦斯浓度、压力等指标的监测，必须寻找诱发瓦斯大量涌出的本质机理和前兆规律，加强开采扰动诱发煤岩劣化及其活动性的前兆规律分析。

（2）可行性

从机理上讲，煤岩体的破坏总是与原岩应力场、采动应力场等之间的耦合演变关系紧密相连。因此，寻找采动下煤岩体的应力场分布特征对研究煤与瓦斯突出涌出规律及其预警是至关重要的。但目前应用于实际工程的应力场确定方法，或者是经验公式计算，或者是"点"状式应力测量技术，都难以较为准确地给出煤岩体结构的整体应力场信息。我们知道，采动必然引起煤岩中应力的迁移，从而造成煤岩应力的积聚与释放，在这个过程中就可能伴随着煤岩的微破裂现象，这种现象反映了煤岩结构对应力场变化的响应，即高应力显现。因此，尽管煤岩体的应力场难以获得，但如果能够得到煤岩结构对应力的响应（微破裂），就可以通过得到的微破裂"时空强"演化行为，间接地获取煤岩采动应力场及瓦斯运移通道的变化规律。

2.4.2 突出前兆规律的根源与内在动因

（1）根源

在煤岩破坏过程中，非均匀性对裂纹扩展以及裂纹模式都有很重要的影响。在较小的尺度上，煤岩体由形状不同的块状颗粒叠压而成，存在着许多微空洞、微裂隙以及颗粒胶结物；在较大尺度上，则含有节理、层理等软弱结构面；而在更大的尺度上，则有断层、褶皱等构造结构面。煤岩无疑是一类含有大量原始损伤的微观非均质体，同其他岩石相比，煤岩的微结构更复杂多样，受煤岩微组分和微结构的影响，煤岩的物理力学性质更为复杂，离散性更大。

因此，当对煤岩结构进行力学分析时，有时将煤岩简化成均匀材料是可以接受的，但当考察煤岩的破裂过程时，忽略煤岩介质的非均匀性影响，可能会掩盖煤岩变形与破裂过程中的许多与非均匀性有关的特殊现象。而煤与瓦斯突出现象恰恰与采动下煤岩破裂失稳的过程密切相关，这就要求必须从煤岩的非均匀性入手，深入分析煤岩结构失稳破坏的微破裂前兆演化规律。不难看出，煤岩结构的非均匀性是煤与瓦斯突出存在前兆规律的根源，正是由于煤岩具有的这种非均匀性特点，使得任何煤岩结构在主破坏之前，或多或少都会有微破裂前兆出现，这也是煤与瓦斯突出有可能被监测预警的最基本的力学原理。

从瓦斯突出的规模来看[29]，均质度较低时，由于煤体中的应力集中区和孔隙压力的分布比较离散，致使煤体的破坏也表现出离散性，突出规模较大；而当均质度较高时，由于煤体中的应力集中区和孔隙压力的离散性降低,以致突出规模较小,且随着均质度的增大,此现象表现得会更加明显,如图 2-7 所示。

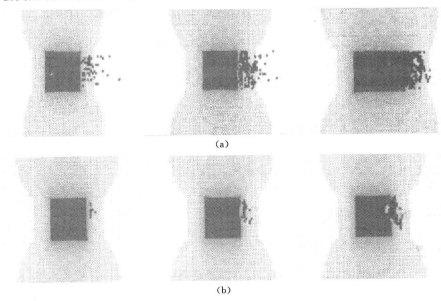

(a)

(b)

图 2-7　不同均质度对瓦斯突出过程的影响[29]

(a) 均质度较低;(b) 均质度较高

(2) 内在动因

应变局部化是指材料在加载直至破裂的过程中,在达到一个临界的应变水平后,在将要形成破裂面的局部区带上,发生强烈的应变集中,使原来均匀的或近似均匀的应变场变成极不均匀的现象。应变局部化的最终结果就是形成局部化剪切带,表现为工程材料的宏观剪切破坏。因此,应变局部化是工程材料不稳定性的重要表现形式,是材料剪切破坏的前兆。目前在许多工程材料的受力变形直至破裂的过程中都观测到了应变局部化现象,包括单相的金属、岩石、土及混凝土,多相的流体,以及饱和多孔介质地质材料及由这些材料组成的结构[130]。

对煤(岩)体破坏现象的研究发现,各种尺度的破裂都是局部的。实验室内小尺度岩样的破裂,无论是剪破裂还是拉破裂,都是由均匀变形逐渐发展到局部化变形直至破裂的过程,不会遍及整个试样。煤与瓦斯突出、岩爆及突水等动力灾害的发生也是集中在开挖临空区的某些部位,更大尺度上地壳介质的突然破裂,如地震现象,大多发生在板块的边沿或断裂带附近,如图 2-8 所示。

通常,引起岩石变形局部化的因素主要有两个:一个是几何形状或载荷的不均匀性;另一个则是介质本身力学性质的非均匀性和非连续性[131]。因此,在煤与瓦斯突出机理及监测分析中,注意捕捉煤岩变形的局部化信息并掌握其发展趋势,就有可能提高突出监测预警的可能性。

2.4.3　突出前兆规律的数值模拟揭示

由上面论述可知,由于煤岩类材料非均匀性的存在,在破裂过程中通常表现出前兆现

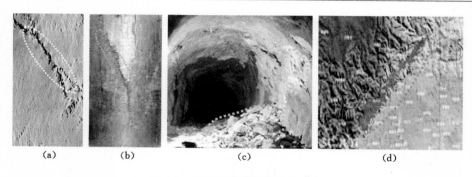

图 2-8　煤(岩)体局部化破坏现象

(a) 岩样；(b) 煤样；(c) 巷道岩爆；(d) 地震与断层带

象,这也是煤岩材料不同于玻璃等均匀脆性材料突然破坏的一个显著特征。煤岩破裂的发生过程本质上是煤岩所含缺陷损伤演化到大面积破坏的过程,其产生机制与声发射现象有很多相同之处,二者之间存在着必然联系。声发射本身表征的也是煤岩试样本身损伤,而在单位应力的作用下,单位面积损伤破坏程度与其产生的声发射次数是一致的,则煤岩单轴应力作用下,其损伤模型可以表示为[132]:

$$\sigma = E_0 \cdot \varepsilon \left(1 - \frac{N}{N_0}\right) \tag{2-18}$$

式中　σ——单轴应力,MPa;

E_0——弹性模量;

ε——弹性应变;

N——声发射数;

N_0——完全破坏时的声发射次数。

从上式也可以看出,煤岩突出的前兆规律可以用反映损伤演化的声发射特性来表征,即声发射是煤岩破坏前发出的重要前兆信息,这就建立了煤岩破裂过程的力学原理与弹性波声学原理之间的联系。因此,关于煤岩破裂前兆的研究,通常通过观测煤岩破裂过程中的声发射(微震)活动性作为研究手段。

而从煤岩破裂的过程来看,大致分为以下几个阶段:① 压密阶段。在初始加载阶段,煤岩中自身含有的孔隙和裂隙发生闭合,致使裂隙壁面附近的部分煤岩体会发生变形和微破裂,但此时声发射数很少。② 弹性变形阶段。随着加载的进行,载荷曲线进入一个近似线性的变化过程,弹性模量近似为常量,含瓦斯体煤岩与开挖面之间的部位出现了初始裂纹,而声发射现象相对频率增高,但此阶段的声发射数并不能反映煤样的受力和破坏状态。③ 裂纹稳定扩展阶段。煤岩内部裂纹逐渐开始稳定扩展,逐渐成核,表现出明显的裂纹扩展方向及空间演化形态,同时声发射活动逐渐频繁,振幅及频率也在不断增大。④ 裂纹不稳定扩展阶段。应力增加变缓慢,而应变变化加快,煤岩则表现出弹塑性特点,其间声发射数也达到了最高值,煤岩破坏裂纹贯通,岩石发生宏观破坏,而且此阶段产生的声发射继续增多,振幅振荡剧烈,释放的能量比较大。⑤ 破坏阶段。煤岩在峰值后的短时间内处于临界破坏状态,发生破坏,宏观的导通裂纹通道形成,声发射数急剧减小。当超过峰值应力后,在残余应力的作用下,位移不断增加,而煤岩强度迅速降低。

考虑上述煤岩破裂规律,人们针对不同种类煤样、岩石及混凝土等材料试件,运用各种有关声发射的实验方法,对煤岩破裂过程的声发射前兆规律进行了许多研究。李银平、赵兴东、李元辉等[133-135]对煤岩试件破坏过程声发射特征进行了研究;王恩元等[136]认为煤体破裂时,声发射特征是随载荷及变形破裂过程而变化的;K. Mogi[137]对不同材料的声发射做了研究;孙吉主、耿乃光、陈颙、张国民等[138-141]从声发射规律来研究岩石破裂前兆的基本特征。

以往的研究建立了声发射和煤岩性质之间的关系,大多与煤岩峰值强度前的应力、应变与声发射参数间的关系有关。因此,进行考虑含瓦斯条件下的煤岩载荷变化特征与声发射时空序列间的关系分析,无疑对煤岩破坏过程中的前兆规律的研究具有重要的实际意义。基于此,本节选用含有瓦斯体的煤岩模型,同时从背景应力场的迁移状况与声发射时空序列的角度出发,对煤岩破裂过程中的微破裂前兆规律性进行详细分析,旨在为采动下煤岩瓦斯突出灾变演化机理与预警方法及其防治措施提供理论指导。

在 RFPA²ᴰ-GasFlow 中,认为可以通过统计损伤单元的数量来研究煤岩破裂过程中的声发射前兆规律,即单元的损伤量与岩石的声发射之间存在着正比关系,且二者的能量释放率也成正比关系。因此,可以用损伤单元数目来表征声发射次数,用单元损伤的应变能释放来表示声发射的能量释放。

图 2-9 反映了采动煤岩煤与瓦斯突出灾变过程声发射数与载荷曲线随加载步(时间)的变化规律。从图中可以看出,主震发生之前产生了明显的声发射前兆;当主震发生时,产生较大的应力降,声发射急剧增多;主震后,声发射事件较少甚至没有。

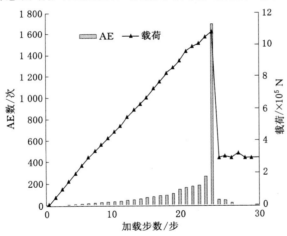

图 2-9　声发射数与载荷曲线随加载步(时间)的变化规律

同时,声发射事件的定位结果也直观反映了煤岩裂纹初始位置、扩展方向及其整个演化过程的分布形态。一般来说,在煤岩破裂的前期,声发射活动很不明显甚至没有;而在裂纹扩展、贯通、形成宏观导通通道阶段,产生了大量声发射活动,如图 2-10 所示。通常用声发射活动作为瓦斯突出等灾害预警指标时,采用的是煤岩接近主破坏时的声发射活动规律。

另外,由图 2-11 可见,瓦斯突出过程中诱发了背景应力场迁移与微破裂前兆现象。主震声发射事件发生在峰值载荷之后,因为此时应力已达到峰值,应力降最大,而主震发生前有一定的声发射前兆,且前兆出现在峰值载荷之前,主震发生时,煤岩已经发生失稳破坏,并

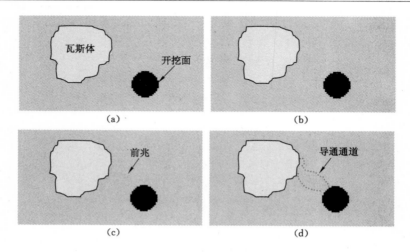

图 2-10　煤与瓦斯突出灾变过程的前兆规律
（a）萌生阶段；（b）扩展阶段；（c）贯通阶段；（d）通道形成

形成了宏观的裂隙通道。

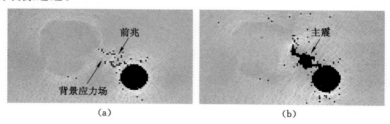

图 2-11　前兆与主震相对应的突出破坏情况
（a）前兆；（b）主震

综上所述，瓦斯动力灾害的诱发原因是采掘扰动效应下的背景应力场积累与迁移过程；在应力场的扰动下引起了煤岩微破裂，即高应力及高应力显现，并导致了瓦斯析出与积聚，声发射活动也随之增加，形成了瓦斯动力灾害的前兆现象；而在不断积聚的高压瓦斯驱动下造成了微破裂与开挖临空面的裂隙贯通，形成了宏观的瓦斯通道，并最终导致了瓦斯的突出或涌出，酿成了瓦斯动力灾害事故。由此可见，如果能及时获得背景应力场演化及其微破裂前兆活动的信息，就有可能找到一条通过微破裂前兆预警采动煤岩瓦斯动力灾害的有效途径，而如何发现与寻找突出过程中煤岩的微破裂规律则是问题研究的关键。

2.5　本章小结

本章主要是运用理论分析与数值模拟的方法深入揭示了采掘扰动下瓦斯动力灾害的致灾机理与灾变特征，为后续的煤与瓦斯突出灾害分析监测系统与预警方法提供理论基础。本章的主要内容概括如下：

（1）详细阐述了煤的微观结构、吸附与解吸特性以及渗透特性等物理力学特性，重点分析了地应力、瓦斯压力与煤本身物理条件及其耦合作用对突出过程的影响，其中，高压瓦斯在突出的发展过程中起决定性的作用;地应力突变和采掘活动扰动是诱发突出的因素;煤的物理力学性质则对突出过程起到抑制或促进的作用,深入研究了深部条件下煤岩的力学特征及其在突出过程的响应规律。

（2）系统总结了突出的激发与发动机理,并详细解释了突出过程中准备、发动、发展和终止的力学作用机理。就突出过程中的能量问题,指出突出主要取决于释放能量与所耗散能量的动态平衡,当突出释放的能量量变或者突变到某临界能量值,突出将会发生;反之,则不发生突出。

（3）根据瓦斯渗流与煤岩体变形的基本理论,建立了含瓦斯煤岩破裂过程气固耦合作用的数学模型,分析了采动下突出过程中的煤岩变形破裂机制,提出并完善了应力场—损伤场—瓦斯渗流场的多场耦合时空演化规律,揭示了损伤-渗流诱发煤与瓦斯突出的灾变机制。

（4）深入探讨了突出过程前兆规律研究的必要性与可行性,揭示了由于煤岩非均匀性与局部化破坏的前兆规律的根源与内在动因。基于煤岩破裂过程气固耦合模型,建立了含瓦斯体的开挖面瓦斯渗流的数值模型,并采用 RFPA[2D]-GasFlow 程序真实模拟了采动下突出过程背景应力场演化及其微破裂前兆活动的信息,指出微破裂前兆特征是预警采动煤岩瓦斯动力灾害的有效途径。

3 煤与瓦斯突出致灾过程的 微震效应及其监测原理

3.1 概　　述

从上一章有关煤与瓦斯突出的成灾机理论述可以看出,采掘扰动下,随着含瓦斯煤岩体内微破裂的萌发,伴随大量瓦斯气体的解吸,微破裂不断扩展、贯通直至破裂通道形成,并迅速演化成为瓦斯突出灾害。通常,对于煤矿来说,因为其监测的范围小,特别是在生产矿井,单一微震的发生具有极大的随机性,一个微震的出现并不能代表着煤与瓦斯突出。所以,即使有一模型能准确预报下一微震发生的时间地点,我们也不能确定瓦斯突出能不能发生。而且,在煤矿开采中,传感器的布置密度高,所探测的微震的震级要比地震监测的级别小几个数量级。并且这些传感器的布置,与地震预报相比,都是布置在震源周围,使我们有可能监测到瓦斯突出发生的前兆,这是地震监测所不能办到的。所以,瓦斯动力灾害的监测应该改变传统地震监测的方法,需更加集中在局部的微震活动这些突出灾害的前兆上,只有这样才能更好发挥微震监测技术的有效性。不难看出,捕获、分析微破裂前兆规律是瓦斯动力灾害预警的核心内容。

许多研究都已表明煤岩破裂会伴随声、光、电等现象的发生,其中以声发射(微震)尤为明显并且在整体上有同步趋势,可以通过考察声发射(微震)的时空序列特征来研究煤岩体内部的微破裂活动规律[142]。微震技术被广泛应用于由于煤岩破裂过程诱发的煤矿动力灾害活动的监测,不断被世界上公认为评价采动煤岩诱发的动力灾害危险性最有效的手段。因此,开展采动煤岩破裂过程中的微震效应及其监测原理的研究对于实现瓦斯动力灾害的预警有重大的理论与实际意义。本章将主要分析采动煤岩瓦斯突出灾变过程的微震产生演化机制,重点探讨煤岩破裂的声发射(微震)特性,详细介绍微震监测技术的概况及其监测原理。

3.2 煤岩产生微震的发生机制

3.2.1 煤岩失稳机理

一般来说,在外界触发条件下,煤岩弹性应变能难以渐进的形式破裂,往往具有突发破坏的特征,且当煤岩的弹性应变能和围岩对其所做的功大于消耗的能量时,煤岩就有可能发生失稳,如下式[143]:

$$W_r = \phi_{sp} + E - W_x \geqslant 0 \tag{3-1}$$

其中：$\phi_{sp} = \int_{\varepsilon_i}^{\varepsilon_a} f_1(\varepsilon)\mathrm{d}\varepsilon$；$E = \int_{\varepsilon_a}^{\varepsilon_b} \sigma_1 \mathrm{d}\varepsilon_1 + \int_{\varepsilon_a}^{\varepsilon_b} \sigma_2 \mathrm{d}\varepsilon_2 + \int_{\varepsilon_a}^{\varepsilon_b} \sigma_3 \mathrm{d}\varepsilon_3$；$W_x = \int_{\varepsilon_a}^{\varepsilon_b} f_2(\varepsilon)\mathrm{d}\varepsilon$。

式中　W_r——剩余能量；

　　　ϕ_{sp}——单位体积煤岩从 a 点卸载可释放的弹性变形能；

　　　E——卸载过程中围岩对煤体所做的功；

　　　W_x——单位体积煤岩从 a 点以渐进破坏到 b 点所消耗的能量；

　　　ε_a——a 点所对应的应变；

　　　ε_b——b 点所对应的应变；

　　　ε_i——单位体积煤岩从 a 点卸载后所剩余的塑性变形；

　　　$\sigma_1,\sigma_2,\sigma_3$——煤体所承受的有效应力。

从图 3-1 可以看出，自煤岩失稳破裂起始点 d 以后的任意点处，煤岩都可能发生破坏。通常，离峰值点越远，其发生失稳时的突发性和失稳强度越低。即 W_r 的大小代表了煤岩失稳时的强弱程度，W_r 越大，煤岩破裂失稳时突发性越强，破坏程度越大，反之则不然。因此，为了消除突出危险性，不管采取什么措施，都必须要对煤岩体进行卸压，降低瓦斯压力，转移地应力，增强煤岩的塑性。

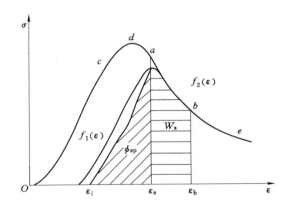

图 3-1　煤岩失稳的能量关系示意图[143]

3.2.2　微震产生的力学机理

一般说来，采矿活动导致的煤岩破裂产生微震的力学机理，可分为以下 4 类[144]，如图 3-2 所示。① 高垂直应力、低侧压的压剪破坏（A 类）。这类应力环境主要存在于工作面前方支承压力高峰区和采空区两侧的煤体上。② 高水平应力、低垂直应力条件下的压剪破坏（B 类）。主要是厚层坚硬岩石断裂前后在岩体结构中产生的水平推力。③ 单层或组合岩层下沉过程中由弯矩产生的层内和层间剪切破坏（C 类）。此类破坏多发生在采空区上方的岩层中，也有一部分发生在煤壁上方和前方中。④ 拉张与剪切耦合作用产生的拉张和剪切破坏（D 类）。这类破坏在浅埋厚层硬岩采场较常见。

通常，当满足煤岩张拉或剪切破坏的裂纹失稳开裂强度判据时，煤岩破裂产生并扩展，导致了煤岩失稳而产生微震现象[145-146]，如图 3-3 所示。

3.2.3　微震产生的试验验证

前文已经阐述了煤与瓦斯突出的本质是煤岩体的破裂失稳，微破坏（微震或声发射，

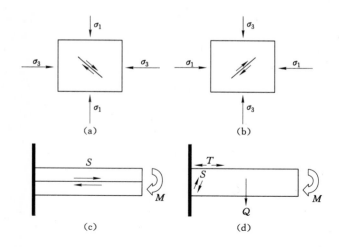

图 3-2　采动煤岩微震产生的力学机理
(a) A 类;(b) B 类;(c) C 类;(d) D 类

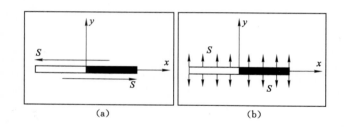

图 3-3　煤岩破坏的两种力学模型
(a) 剪切破坏;(b) 张拉破坏

二者之间的关系将在下节中作介绍)是煤与瓦斯发生突出的重要前兆信息。验证煤岩破坏过程的声发射特征并分析其演化规律,就为煤岩破裂过程中的微震效应及其监测原理的进一步研究提供了理论基础。本小节运用真实破裂过程分析 RFPA^{2D} 系统,对煤岩试样进行了声发射数值试验,研究了煤岩的变形破裂过程及其声发射时空特性。

（1）数值模型建立

计算模型采用平面应变模型,尺寸为 100 mm×200 mm,划分为 100×200 个单元。模型左右边界及底部固定,顶部为位移加载,其数值模型如图 3-4 所示,图中灰度代表煤岩弹性模量的大小,灰度越亮,表示该煤岩介质的弹性模量越大。另外,煤岩没有考虑自重应力,只加载竖向力,其数值模型的力学参数如表 3-1 所列。

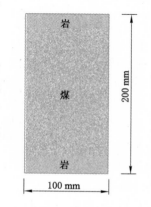

图 3-4　数值计算模型

表 3-1　　　　　　　　　　　　　　数值模型的力学参数

力学参数	煤	岩
均质度/m	3	10
弹性模量均值 E_0/GPa	5	50
抗压强度均值 σ_0/MPa	50	100
泊松比 μ	0.29	0.25

（2）模拟结果分析

通常,煤岩样声发射现象是由于内部微裂纹的产生、发展和内部颗粒间摩擦引起的。图 3-5 反映了单轴加载条件下煤岩试样声发射演化特征,由图中不难看出,在第 41 步时产生了明显的声发射前兆,尤其在第 42~58 步过程中,声发射前兆信息不断演化并致使破裂损伤带逐渐形成,而在第 59 步时,声发射激增,能量突然得到释放,发生了主破坏,以致宏观裂纹通道贯通。最终,出现了声发射事件定位的集中区,大致在试样中部形成了损伤破裂。因此,利用主破坏之前的声发射前兆信息,即第 41~58 步的声发射前兆信息,可对煤岩试样的破裂带进行预测。从煤岩试样受力的角度来看,在加载的前期,声发射事件较少,没有形成明显的破裂带;随着加载进行,声发射逐渐增多,破裂带出现;而在主破坏发生时,破裂带非常明显。可见,利用声发射前兆信息在时空上的分布特征,可以较为准确地预测出破裂带(危险区)的位置。

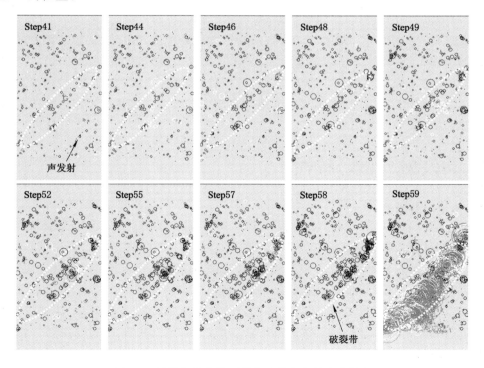

图 3-5　单轴加载条件下煤岩试样声发射演化特征

图 3-6 为煤岩试件的载荷、声发射及其累计频度时空序列变化。从图中可以看出:煤样

受载之初,应力缓慢增加,声发射分布较零乱,事件数很少,其内几乎没有声发射事件;随着载荷的增加,声发射现象相对频率增高,但对应的载荷曲线却无明显变化;载荷增加到一定数值后,应力增加变缓慢,而应变变化加快,期间声发射事件率达到了最高值;超过峰值应力后,在载荷曲线上表现为荷载的突降,而此时声发射频次急剧增加;在试样的峰后破坏阶段,由于残余应力的作用,声发射处于较低水平,声发射总频次曲线也基本上没有增长,几乎与载荷曲线保持在水平状态。可见,载荷的突降与煤岩体内新产生的破坏有关,声发射频度的突增都对应着载荷曲线上的应力降,同时也对应着声发射能量的一个显著增加。

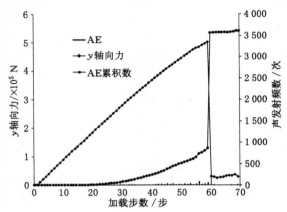

图 3-6 单轴加载条件下载荷、声发射及其累计频度时空序列变化

上述的模拟计算分析了载荷下煤岩样的初始裂纹出现及扩展过程,进一步验证了煤岩破裂过程中存在的声发射(微震)现象。可以看出,声发射(微震)是用来对材料在受载情况下其内部损伤进行实时检测的一种方法。因此,利用煤岩体声发射(微震)特征可以实现对煤岩破坏过程的实时动态监测,从而也为煤与瓦斯突出动力灾害预测预报问题的深入研究提供了技术基础。

3.3 声发射(微震)特性

3.3.1 声发射与微震

秦四清等人对声发射产生的机理进行了分析,从煤岩变形破坏的起源来看,声发射(微震)信号产生机理如图 3-7 所示。

煤岩体在内、外力或温度变化的作用下,其内部将产生局部弹塑性能集中现象,将会伴随着弹性波或应力波在周围煤岩体快速释放和传播。相对于较大尺度的煤岩体,称为微震(Microseism,简称 MS);有时对于小尺度的煤岩样或小范围的破裂现象,称为声发射 AE (Acoustic Emission,简称 AE)。

3.3.2 震源机理

运用地震波传播路径理论,根据地震波信息,可以确定地震波离开震源的方向。其结果一般记录在震源球(一种假想的围绕震源的球面)上。围绕同一地震(微震事件),在取得足够的观测点数据后,压缩象限与收缩象限就会出现,两个分开压缩与收缩象限且相互垂直的

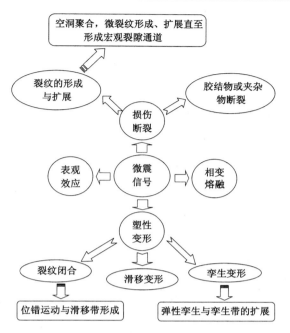

图 3-7　声发射(微震)信号产生机理

圆面也会显现。图 3-8 介绍了几种主要机理以及所代表的断层面,阴影面为压缩象限。正断层或逆断层可从震源球中心的阴影来确定,逆断层中心为黑色,正断层中心为白色[147]。

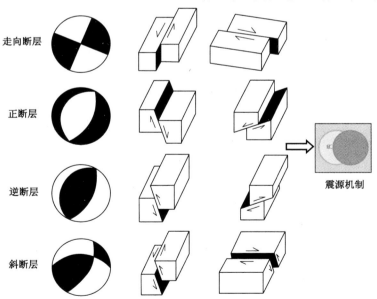

图 3-8　断层震源球面触发机制

　　通常,震源时间与位置将是最先确定的参数。对于大的地震来说,震源位置并不是地震的中心,而是地震能量向外辐射的中心点。对于微震范畴来说,震源位置与微震中心应十分接近。震源位置由弹性波到达时间来计算,与其大小及延续时间无关。目前有很多方法可用来根据到达时间反演震源位置。一般来说,根据多种地震波到达时间得到的结果会更好。因此,传感器的布置对震源位置计算的精度也有很大的影响。对于监测网以外的地震,其误差由误差圆来确定,如图 3-9 所示。

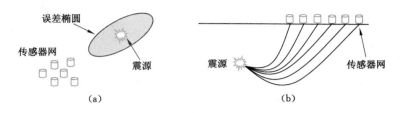

图 3-9　传感器网布置引起的震源误差

（a）水平方向；（b）垂直方向

3.3.3　微震信号性态特征

声发射(微震)主要是通过对信号波形的分析与解读,获取其所含的丰富信息。M. Cai 和 P. K. Kaiser 把所有的震动事件按波动频率分类,如图 3-10 所示,从而把地震、矿震、岩爆、微震、声发射等不同的现象广义成具有不同振动频率的震动事件。

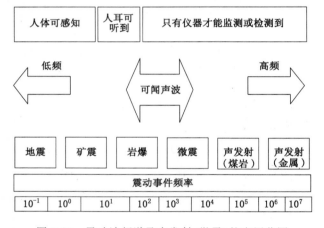

图 3-10　震动波频谱及声发射(微震)的应用范围

（1）声发射(微震)波的传播特征

一般来说,声发射(微震)的传播路径较复杂。若在半无限大固体中的某一点产生声发射(微震)波,互相干涉呈现复杂的模式,如图 3-11(a)所示。而声发射(微震)波在有限空间(厚板)中的传播方式,如图 3-11(b)所示,弹性波在传播过程中在两个界面上发生多次反射,每次反射都要发生模式变化,这样传播的波称为循轨波[148]。

（2）声发射(微震)信号的表征参数

声发射(微震)基本参数分为以下三类[149-150]:① 累计计数参数。主要包括:事件总数、振铃总计数、总能量、幅度总计数及大事件计数。② 变化率参数。主要包括:事件计数率、振铃计数率以及能量释放率等。③ 统计参数。主要包括:幅度分布、频率分布以及持续时间分布等。如图 3-12 所示。

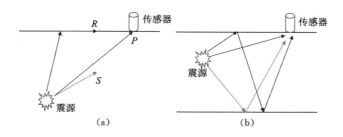

图 3-11　声发射(微震)波传播路径

（a）半无限体；（b）有限空间

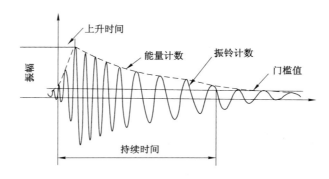

图 3-12　声发射(微震)信号特征曲线

3.4　微震监测原理及其技术要点

3.4.1　微震监测原理

微震监测技术是一种地球物理探测的方法,该方法可以对煤岩体结构在变形过程中所产生的微破裂行为进行实时连续三维时空定位。因此,微震信号中包含了大量的关于煤岩受力破坏及地质缺陷活化过程的有用信息,可以此推断煤岩类材料的力学行为,预测煤岩结构采动裂隙通道的产生规律及其稳定性,并对动力灾害现象作出完整的描述和动态监测。

采动煤岩破裂过程中,内部积聚的能量以应力波的形式向周围释放,并产生微震事件。借助于以一定阵列布置的检波型传感器就可以接收到此弹性波,经数据信号转换后即可以在三维空间中显示出来,从而就能确定出煤岩体破裂发生的时间、空间及量级(时空强),据此就可以研判出煤岩破裂的活动范围、稳定性及其发展趋势并作出定性或定量评价,如图3-13所示。

3.4.2　微震监测技术类型

从监测范围来看,国内外微震监测技术可分为三大类[151]:第一类以监测大范围煤岩震动为主的系统,监测震动频率为 100 Hz 以内,定位精度约 100～500 m;第二类以监测工作面煤岩层震动为主的系统,监测震动频率为 20～300 Hz,定位精度约为 50～100 m;第三类以监测小范围煤岩层破裂为主的系统,监测震动频率在 300 Hz 以上,精度约为 5～15 m。

而从监测时间来看,微震监测技术又可分为永久性监测和临时性监测。

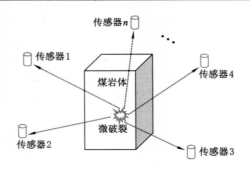

图 3-13　微震监测原理

3.4.3　微震监测目的

通常微震监测技术可以实现如下功能：① 预警。寻找微震活动性时空分布异常规律。② 监测煤岩体工程响应协助动态设计和施工。将监测结果同预期煤岩体响应作对比，结合数值模拟等方法，实现动态设计和施工。③ 反分析。对严重的煤岩体失稳事件进行系统全面的反分析，积累经验。④ 震害分区分级管理。运用统计地震学、工程地震学等方法，定量评估矿震活动性，进行震害时空分级分区管理。⑤ 救援。监测并定位出破坏性微震，评估震害，监测余震，为管理部门制定相应的救援措施提供基础。

3.4.4　微震监测特点

微震监测能及时感知所监测区域内煤岩体的工程扰动，可以获取煤岩体中应力、应变演化的过程，它已经逐渐充分发挥出对短期煤岩体开挖安全预警预报和中、长期灾害分级和稳定性评估方面的独特优势。

该技术能够跟踪监测煤岩体由渐进性破坏直至灾变的整个过程，直接确定出煤岩破裂的时空强；具有远距离、动态、三维、24 h 实时监测的优势；且较其他系统有准确性、定量性及超前性的特性；实现监测的实时连续化、数字化、自动化及智能化；系统的高速采样以及 P 波和 S 波的全波形显示，使得对微震信号的频谱分析和事件的判别直观方便；监测仪器高度集成、小体积、多通道及高精度。另外，基于数字技术和光纤通信技术的远程监测和信息远程传输模式，使得系统具备数据远程无线传输的功能，以便能使信息得到及时科学的解读。

微震监测技术的一个最为显著的特点是它可以对三维空间中的煤岩体状态进行实时监测，通过对微震弹性波的采集和分析，实现对煤岩体内部的微破裂及微破裂演化过程的监测，从微破裂是高应力的显现、微破裂积聚是煤岩体动力灾害的前兆特征出发，监测到煤岩体结构对应力的响应（即微破裂），间接地掌握了煤岩体工程扰动应力的变化规律。

3.5　本章小结

本章主要分析了煤与瓦斯突出致灾过程煤岩的微震效应，通过数值实验方法模拟了声发射（微震）产生的演化机制，主要研究内容如下：

（1）深入揭示了煤岩破裂过程微震产生的力学机理，认为产生微震的两种力学模型是煤岩的剪切破坏及张拉破坏。另外，数值实验模拟计算分析了载荷下煤岩样的初始裂纹出现及扩展过程，进一步验证了煤岩破裂过程中存在的声发射（微震）现象。

（2）详细阐述了声发射与微震的概念及其二者的关系，基于声发射（微震）信号产生的机理理论，揭示了声发射与微震的产生机理并没有本质上的不同，只是频谱范围的不同，并深入分析了微震震源机制及信号形态特征。

（3）系统总结了微震监测原理及微震监测技术的类型、监测目的与特点，指出微震监测技术能够跟踪监测煤岩体由渐进性破坏直至灾变的整个过程，确定出煤岩破裂的时、空、强等力学行为，可以实现煤岩体结构对应力变化规律的响应。

4 煤矿井下微震监测系统开发、改进及其设计构建

4.1 概　　述

　　微震监测技术用于监测煤岩体在变形和断裂破坏过程中以微弱地震波的形式发生的微震事件,利用现代计算机技术、电子技术、通信技术、GPS授时精确定位技术,在三维空间中实时地确定岩体中微震事件发生的位置和量级,从而对煤岩体的变形活动范围及其稳定性作出安全评价。自1990年以来,微震监测技术已经被广泛应用于诸如矿山、石油工业、土木工程、水利工程、环境地质、核废料、废气储存、战略石油储备等公共安全领域中煤(岩)体稳定性的短期和长期监测预警,已经取得了重要成果,并显示了广阔的应用前景。

　　微震监测技术突破了传统动力灾害监测的局部性、不连续性、劳动强度大、安全性差的严重弊端,实现了监测的自动化、信息化和智能化,代表了灾害监测的发展方向,已成为煤岩体动力灾害监测预报的最主要的、先进的高新技术。因此,选择一套科学合理、在工程中得到了成熟应用并大力推广的微震系统是至关重要的,往往对监测效果起着决定性的作用。

　　随着微震技术的发展及我国对煤岩体信息化、智能化监测的需求,目前在国内矿山中常用的微震监测系统大致有以下几种:加拿大的ESG、波兰的SOS、南非的ISS以及我国北京科技大学的BMS。在上述几套系统中,国外的居多,监测设备研制起步早、投入大、发展较为迅速,实际工程应用较多,并且取得了很好的研究成果。国内的设备也一直在发展,但系统应用于矿山实际工程的相对较少。

　　加拿大ESG(Engineering Seismology Group)公司是一家高科技研发公司,在工程、地震、岩石物理、采矿及石油等领域拥有国际先进的微震研发技术。ESG微震监测系统无论在软硬件、售后服务以及二次开发,还是稳定性与可靠性等方面,其应用效果都较为明显。目前,ESG微震监测系统在全球已应用200多套,在我国的应用也超过20套。综上所述,本研究项目优先选择加拿大ESG微震监测系统。但由于该套系统以服务金属矿山为主要设计目标(其他几套系统也存在类似问题),在实际煤矿工程中应用较少,以至于系统的定位算法、噪声滤除方法等并不完全适合煤矿井下的煤岩体较软、地质构造复杂及采掘工程交叉等实际情况。而且,该套系统只获得了北美的煤矿安全标志(MSAH),不符合我国对煤矿井下设备防爆的要求。因此,有必要结合ESG微震系统的性能特点,对其做进一步开发与改进设计,从而使其更加适合国内煤矿工程现场的需要。本章将着重介绍微震和瓦斯信息三维可视化及远程传输系统的软件开发及其功能特点,重点阐述系统的数据采集仪防爆箱与传感器固定、安装装置以及安装方法的改进设计过程,并深入研究系统的定位精度提高与噪声滤除措施的改进方法,最后,详细探讨了系统监测网络的设计构建方案以及在灾害救援

应用中的试验情况。

4.2　数据可视化及远程传输系统研制开发

为了把抽象的微震数据信息转换成直观的图形及相应曲线、直方图信息,实现数据采集到监测预报的自动化,尽可能地方便技术人员理解煤岩体内微震发生的时间及空间分布规律,并为采动动力灾害的预警提供可靠的依据。同时,也为了现场工程人员对中文显示软件系统的需求。另外,在微震监测网络中,由于监测点分散,必须通过网络将现场监测到的信号实时传递到灾害分析预警中心。因此,开发数据三维可视化及远程传输系统,实现对微震监测数据的及时管理和分析,大大提高微震信息分析处理和预警的工作效率是十分必要的。受煤矿瓦斯防治国家工程研究中心委托,在大连力软科技有限公司(Mechsoft)的支持下,研制开发了微震和瓦斯信息三维可视化及远程传输系统。

4.2.1　软件研制方法与程序

由于微震定位事件数据形成了 Access 数据库,为了有效利用这些大量微震信息,该软件系统以 VC++6.0 为开发平台,结合 OpenGL 三维图形开发库进行开发,利用 ADO 技术对微震数据库进行操作,如图 4-1 所示。

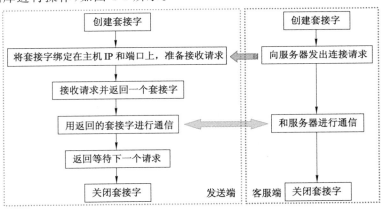

图 4-1　远程传输模块程序示意图

4.2.2　软件功能与特点

软件系统提供了微震信号的分析控制台,可实现对微震信号的时间序列及信号类型的统计分布规律进行实时显示,在时间序列内,爆破信号、干扰信号及微震信号的个数以曲线的形式表达,便于日常分析,如图 4-2 所示。该系统可实现微震监测数据的连续采集及分析,并实现了数据的远程传输模式。

4.2.3　软件系统调试与效果检验

该系统的调试与效果检验主要包括两个步骤:微震信息三维可视化和数据的远程传输。其中,微震信息三维可视化的演示过程,如图 4-3 所示。

微震数据的传输有两种模式:本机磁盘读取和远程访问。MMVTS 可以无缝地连接 ESG 监测系统,可在监测主机内读取微震数据,也可在主机中安装数据发送端,实现实时地向客户端发送微震数据,如图 4-4 所示。另外,本系统初步进行了微震数据的实时分析,下

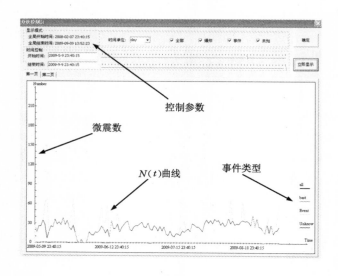

图 4-2　微震数据分析控制台

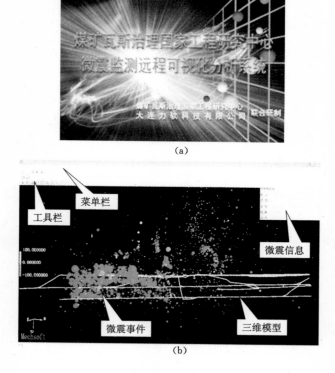

(b)

图 4-3　微震信息三维可视化软件系统界面

（a）分析系统软件主界面；（b）微震信息三维可视化

一步要把瓦斯监测信息也整合到系统中,实现二者的综合显示与验证分析。

图 4-4　微震数据远程传输系统

(a) 远程传输控制界面;(b) 发送端;(c) 客户端

4.3　微震仪器改进设计与实现

4.3.1　数据采集仪

ESG 微震系统数据采集仪对其所要放置的硐室环境要求较高,空气要干燥、通风性良好、震动小、防潮、防强磁干扰以及爆破产生的烟雾、粉尘等。通常,金属矿山、水电站及石油井等领域应用的 ESG 微震数据采集仪的保护外壳是利用镀锌铁皮制作,如图 4-5(a)所示,此外壳的强度、防水和防锈能力很难满足煤矿井下极其复杂环境的要求,尤其是防爆要求显然不能保证。

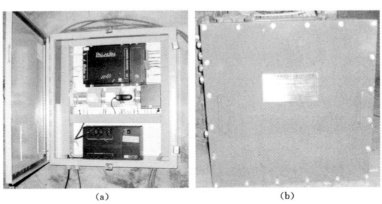

图 4-5　数据采集仪

(a) 改装前;(b) 改装后

为了解决上述问题,结合该数据采集仪的特点,对其进行了进一步的设计改装,以适合煤矿的要求。改进后的数据采集仪既要保证数据的正常采集分析,又满足煤矿井下对电气设备防爆的要求,且操作简单,造价低廉,灵活性较强。

改装后的数据采集仪的防爆箱,由防爆外壳、吊环、合页、喇叭口、观察窗、防爆标志组成,其平面图如图 4-6 所示。其特点是主要针对微震监测系统数据采集仪而研制,数据采集

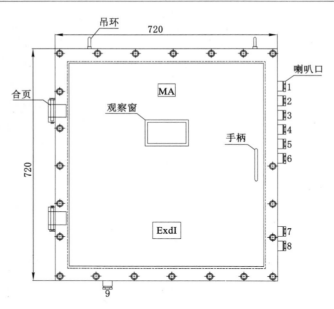

图 4-6　防爆箱装配平面图

仪被固定在一块金属底板上,底板可以直接放置在防爆箱内,通过箱内四角的螺栓可以把底板牢固固定,既可以满足数据采集仪内各个电子元器件的要求间距,又可以达到煤矿对防爆的要求。可以保证在不改变数据采集仪内各个电子元器件的情况下,直接被固定在防爆箱内,使其运行正常并达到监测要求。另外,与其他已使用的箱体相比,此防爆箱结构简单、操作方便、体积适当、运输方便且满足了结构强度、防水和防锈等的要求。特别是,改装后的数据采集仪能够被直接应用到煤矿井下任何空间硐室内,从而为 ESG 微震监测系统能够应用到煤矿井下提供了前提条件。

　　改进后的数据采集仪安装的具体实施方式如下:通过吊环吊装到固定井下硐室后,打开防爆箱盖板上的所有法兰,通过手柄打开外盖板,将连接好的数据采集仪放置到防爆箱内,利用箱内的 4 个螺栓可以把数据采集仪紧紧固定。之后,与数据采集仪相连的 6 根电缆信号线可以通过第 1 个到第 6 个喇叭口引入;2 根光缆则可以通过第 7 个和第 8 个喇叭口引入;第 9 个喇叭口是为了引入电源线缆而设计。以上所有线缆需要先穿入合适尺寸的螺栓杆、金属垫圈及密封圈,待线缆各种接头与数据采集仪上的端口连接完毕后,再逐一把密封圈、金属垫圈和螺栓杆旋紧,以满足防爆要求。最后,盖上防爆箱外盖板,拧紧所有法兰,通电后,可以通过盖板上的观察窗检查箱内数据采集仪的指示灯是否工作正常,方便后期的日常维护。改装后的数据采集仪防爆箱实物,如图 4-5(b)所示。

4.3.2　传感器固定、安装装置及安装方法

　　在传统微震监测系统传感器安装过程中,有些系统采取直接从地表往井下监测区域打钻孔的方法,这种传感器安装方法往往由于开采深度的增加等因素的影响而受到很大的限制,显然不经济且不易操作;也有系统的传感器采取埋设在巷道底板上的方式,以致会因传输载体的突然变化造成信号传输受到很大干扰而影响监测效果;还有的直接使用锚杆树脂黏结,然而此方法常因锚杆树脂黏结不紧密和年久失效,致使传感器从孔内脱落影响整个微震系统的监测,甚至当传感器掉下时砸伤施工技术人员。不难看出,上述传感器安装方法操

作复杂,安装成本高,灵活性不强,信号传输受载体的变化致使信号衰减严重,且传感器易脱落,导致信号得不到有效地采集,以致整个系统的监测效果很难保证。

为避免上述安装方法存在的不足,有必要对传感器固定、安装装置及其安装方法进行改进,旨在提供一种灵活的微震监测系统传感器安装方法。该方法不仅能够保证传感器与煤岩壁耦合紧密,微震信号能够直接被传感器接收,而且可以提高安装的效率,节省安装成本,方法灵活性强。

为了达到上述目的,结合传感器的结构特点,成功研制了一套传感器固定与安装装置,即可控卡托系统。该套系统由耦合螺栓、钢制卡托、护筒头、塑钢杆组成,而可控钢制卡托系统是由钢制卡托和可控钢条组成。通常钢制卡托、传感器以及护筒头直径大小一样,便于三者之间互相连接。选择两根合适的钢条,从钢制卡托上的小孔内穿过,根据孔洞的大小,确定可控钢条的长度并弯成适当的弧度,二者这样就组成了一个整体,既可以使传感器和护筒头之间连接紧密,又可以使整个传感器和钢制卡托系统和煤岩壁耦合牢固,便于安装实施和整个系统的正常监测。在安装过程中,该系统可对传感器在煤岩体孔洞内进行控制和固定,可以使传感器前端的耦合螺栓和孔洞岩壁紧密结合,满足传感器安装要求,改善因锚杆树脂黏结不足带来的缺陷。同时,可控钢制卡托上面的可控钢条还可根据孔洞直径的大小改变其长度和粗细,灵活地适应施工中各种孔洞的要求。上述装置装配平面图,如图4-7所示。

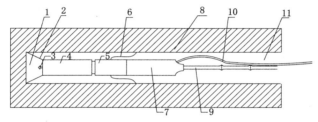

图 4-7　传感器固定、安装装置装配平面图

1——黏结剂;2——纸杯;3——螺栓;4——传感器;5——卡托;6——钢条;
7——套筒;8——煤岩体;9——金属安装杆;10——电缆信号线;11——钻孔

针对上述固定与安装装置的功能要求,传感器的安装方法也作了相应的调整。传感器的安装钻孔技术参数要求如下:孔径应在 32 mm 以上,钻孔深度为 3～5 m,为了便于安装传感器,应尽量在巷道靠近顶板上钻孔,且孔的倾角至少应大于 70°,从而保证传感器能够不受到巷道内生产活动产生的噪声影响,并保证足够大的孔仰角可以使孔底处岩体裂隙渗流出来的水能够及时从孔内排出,避免因为水的作用而使传感器顶端的锚杆树脂失效,如图4-8(a)所示。

在钻孔打好之后,要及时对钻孔参数进行检查,特别是一定要将孔内的煤岩残渣清理干净,以保证传感器安装时不被卡住,并使传感器与岩壁耦合紧密。一般来说,安装过程中还需要以下物品:专用安装杆、纸杯、螺栓、工具刀、胶带、锚杆树脂、螺丝刀等。利用上述装置传感器的安装具体实施方法如下:首先用安装杆对钻孔进行探孔,确定运送正常;然后把传感器后部附带的 10 m 电缆信号线从钢制卡托内部与安装杆前端的套筒侧面穿过,并在套筒上安装已经制作好的卡托,再在卡托上放上传感器,使传感器尾部、卡托以及套筒连接牢固,用小螺栓将制作合适的纸杯固定在传感器前端;之后,再把混合好的锚杆树脂填满纸杯;

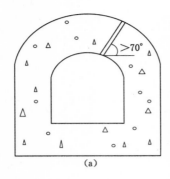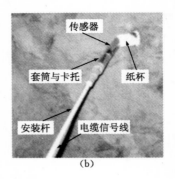

图 4-8　传感器安装方法

（a）安装技术参数；（b）安装示意图

最后,紧握安装杆和信号线,快速用力把整套安装装置捣入孔内,直至运送到孔底,并固定等待 3~5 min,在锚杆树脂与孔底的煤岩体黏结牢固时,再慢慢退出安装杆及套筒即可,如图 4-8(b)所示。另外,为了能重复利用传感器,该安装方法还可以采用可回收式的安装方法,便于系统的灵活性监测。

4.4　微震震源定位精度提高方法

通常,微震定位监测的精度是决定监测结果能否应用于实际工程的关键,震源的空间定位坐标位置是微震技术所能提供的最重要参数之一,是进行后续微震活动监测研究的基础前提,同时也是评价一套微震监测系统性能的重要指标。可以看出,采取合理的方法来提高微震系统的监测精度是至关重要的。一般来说,微震震源的定位精度主要是与以下几个因素有关,如:传感器空间布置阵列、监测区域的地质环境（岩性、构造带与采掘情况）、系统定位算法、监测区域选取的波速、坐标等测量误差以及系统本身造成的误差。因此,深入研究震源定位精度的影响因素是非常必要的。鉴于以上问题,下面将着重分析上述因素对震源定位精度的影响,并采取人工爆破试验标定波速的方法重点研究监测区域波速模型的优化选取及其对震源定位精度的影响。

4.4.1　传感器阵列的优化设计

传感器的空间阵列是影响微震数据可靠性的因素之一,考虑到合理的布置密度、安装层位等条件后才能够保证获得较小的系统定位误差。针对上述问题,通常采取分析定位精度误差的方法来优化组合系统布置方案。

一般对于微震震源来说,需要确定出时间与空间 4 个参数,即:

$$\boldsymbol{X} = \{ t_0, x_0, y_0, z_0 \}^{\mathrm{T}} \tag{4-1}$$

式中　$\boldsymbol{X}$ ——微震震源;

　　t_0 ——震源发生的时间;

　　x_0, y_0, z_0 ——震源发生的三维空间坐标。

A. Kijko 和 M. Sciocatti 等[152-153]认为传感器布置位置的优化取决于 $\boldsymbol{X}$ 的协方差矩阵 c_X,见下式:

$$\boldsymbol{C}_{\mathrm{X}} = k \, (\boldsymbol{A}^{\mathrm{T}} \boldsymbol{A})^{-1} \tag{4-2}$$

式中　k——常数。

而 $\boldsymbol{A}$ 值表示为下式：

$$\boldsymbol{A} = \begin{bmatrix} 1 & \dfrac{\partial T_1}{\partial x_0} & \dfrac{\partial T_1}{\partial y_0} & \dfrac{\partial T_1}{\partial z_0} \\ \vdots & \vdots & \vdots & \vdots \\ 1 & \dfrac{\partial T_n}{\partial x_0} & \dfrac{\partial T_n}{\partial y_0} & \dfrac{\partial T_n}{\partial z_0} \end{bmatrix} \tag{4-3}$$

式中　$T_i(i=1,\cdots,n)$——计算得到的微震到时；

　　　n——传感器数。

之后，对监测阵列所记录到的微震事件，优化的传感器位置应使下式最小化：

$$obj = \min\left(\sum_{i=1}^{n_e} p_h(h_i)\lambda x_0(h_i)\lambda y_0(h_i)\lambda z_0(h_i)\lambda t_0(h_i)\right) \tag{4-4}$$

式中　n_e——微震事件数；

　　　$p_h(h_i)$——震源为 $h_i = \{x_i, y_i, z_i\}^{\mathrm{T}}$ 的事件的相对重要性，可以是一个事件出现在该位置邻域的概率函数；

　　　$\lambda x_0(h_i)$——$\boldsymbol{C}_X$ 的特征值。

当设计传感器布置方案时，可利用上述方法绘制每种方案对应的微震事件参数 $\boldsymbol{X} = \{t_0, x_0, y_0, z_0\}^{\mathrm{T}}$ 的标准误差图，从中确定最优测站布置方案。S. J. Gibowicz 和 A. Kijko[154] 表示震中位置的标准差为：

$$\sigma_{xy} = \left[(C_x)_{22}(C_x)_{33} - [(C_x)_{33}]^2\right]^{\frac{1}{4}} \tag{4-5}$$

式中　$(C_x)_{ij}$——$\boldsymbol{C}_x$ 的 (i,j) 元素。

由式(4-5)所绘制的期望标准差图形是事件震级的函数，即该图形表示了震级为 M_{L}、震源坐标为 h_i 的微震事件的震源定位标准误差。在拟定的监测区域，可以将事件震级 M_{L} 与其可测距离 r 相联系，采用该距离范围内的所有测站来计算震中和震源深度的期望误差[155]。

文献[156～158]采取上述方法详细分析了传感器布置方式对震源定位精度的影响，取得了较好的优化效果。

4.4.2　震源定位算法

对地震定位方法和提高地震定位精度的不断研究，一直是地震科学中的一个重要课题，地震学家在不断改进或提出新的定位方法，期望得到更高的地震定位精度。前人已经对震源定位算法进行了很多研究，提出了很多的定位方法，如最小二乘法、Geiger 法、单纯形法、联合校正法、台偶时差法、相对定位法、EHB 法以及双重残差法等[159]。微震震源空间位置是微震监测技术研究的重要参数。微震震源定位方法很多，常用的有：直接 P 波法、最小二乘法、Geiger 法、单纯形法及其混合定位法等，如图 4-9 所示。

直接 P 波定位法是形成最小二乘法的基础，通常对于传感器所记录的信号到达时间，取决于相对另一传感器的距离。结合常见的微震监测系统的定位算法特性，下面将着重阐述 Geiger 法与单纯形法的定位原理及特点。

（1）Geiger 法

该方法是通过给定的一个初始点（试验点），每一次迭代，都基于最小二乘法计算一个修

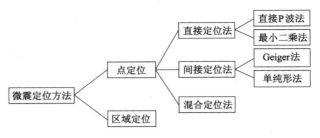

图 4-9　微震定位方法

正向量 $\Delta\boldsymbol{\theta}(\Delta x, \Delta y, \Delta z, \Delta t)$，并把向量 $\Delta\boldsymbol{\theta}$ 加到上次迭代的结果上，就可以得到一个新的试验点，判断这个新试验点是否满足要求，如果满足要求此点坐标即所求震源位置，如果不满足则继续迭代。而每次迭代的结果则由下面的走时方程式产生：

$$\left[(x_i - x)^2 + (y_i - y)^2 + (z_i - z)^2\right]^{\frac{1}{2}} = v_P(t_i - t) \tag{4-6}$$

式中　x, y, z ——试验点坐标；

　　　t ——试验发生时间；

　　　x_i, y_i, z_i ——第 i 个传感器的位置；

　　　t_i ——P 波到达第 i 个传感器的时间；

　　　v_P ——P 波波速。

对于 P 波到达每个传感器的时间 t_{oi}，可以用试验点坐标计算出的到达时间的一阶泰勒展开式表示：

$$t_{oi} = t_{ci} + \frac{\partial t_i}{\partial x}\Delta x + \frac{\partial t_i}{\partial y}\Delta y + \frac{\partial t_i}{\partial z}\Delta z + \frac{\partial t_i}{\partial t}\Delta t \tag{4-7}$$

式中　t_{oi} ——第 i 个传感器检测的 P 波的到达时间；

　　　t_{ci} ——由试验点坐标计算出的 P 波到达第 i 个传感器时间。

因此，对于 N 个传感器，就可以得到 N 个方程，写成矩阵的形式：

$$\boldsymbol{A}\Delta\boldsymbol{\theta} = \boldsymbol{B} \tag{4-8}$$

式中：$\boldsymbol{A} = \begin{bmatrix} \dfrac{\partial t_1}{\partial x} & \dfrac{\partial t_1}{\partial y} & \dfrac{\partial t_1}{\partial z} & 1 \\ \dfrac{\partial t_2}{\partial x} & \dfrac{\partial t_2}{\partial y} & \dfrac{\partial t_2}{\partial z} & 1 \\ \vdots & \vdots & \vdots & \vdots \\ \dfrac{\partial t_n}{\partial x} & \dfrac{\partial t_n}{\partial y} & \dfrac{\partial t_n}{\partial z} & 1 \end{bmatrix}; \Delta\boldsymbol{\theta} = \begin{bmatrix} \Delta x \\ \Delta y \\ \Delta z \\ \Delta t \end{bmatrix}; \boldsymbol{B} = \begin{bmatrix} t_{o1} - t_{c1} \\ t_{o2} - t_{c2} \\ \vdots \\ t_{on} - t_{cn} \end{bmatrix}。$

可以看出，用高斯消元法求解式(4-8)就得到修正向量：

$$\boldsymbol{A}^{\mathrm{T}}\boldsymbol{A}\Delta\boldsymbol{\theta} = \boldsymbol{A}^{\mathrm{T}}\boldsymbol{B}, \Delta\boldsymbol{\theta} = (\boldsymbol{A}^{\mathrm{T}}\boldsymbol{A})^{-1}\boldsymbol{A}^{\mathrm{T}}\boldsymbol{B} \tag{4-9}$$

由方程(4-8)求出修正向量后，以 $(\boldsymbol{\theta} + \Delta\boldsymbol{\theta})$ 为新的试验点时继续迭代，直到满足误差要求，即可求出震源定位参数。

（2）单纯形法

该方法是一种非线性优化迭代方法，由 Spendley，Hext 和 Himsworth（1962）提出，Gendzwill 和 Prugger 首先用单纯形法进行了地震事件的定位[160]。选定一个初始点 $X_0(x_0, y_0, z_0)$，首先判断 X_0 点是否满足要求，如果满足要求则 X_0 点坐标即震源位置坐标；

如果不满足要求,则构建单纯形,得到另外三个点:X_1,X_2,X_3。判断这四个点误差的大小,找到"最好点"和"最坏点"继续搜索新的更好点,如图4-10所示。

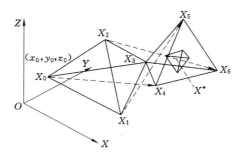

图4-10 三维空间单纯形算法反演原理

实质上,单纯形法就是根据微震到达传感器的时间差来反推出震源的具体地点,从而确定其空间位置。由(4-6)走时方程可以看出,此方程为非线性系统,直接求解将非常困难,这就需要寻找一线性系统来代替此非线性系统。当m是收到信号的传感器个数,(x,y,z,t)是震源的时空参数,用第i个测点的走时方程减去第k个测点的走时方程可得到一线性系统,如下式:

$$2(x_i-x_k)x+2(y_i-y_k)y+2(z_i-z_k)z-2v^2(t_i-t_k)t$$
$$=x_i{}^2-x_k{}^2+y_i{}^2-y_k{}^2+z_i{}^2-z_k{}^2-v^2(t_i{}^2-t_k{}^2) \quad (i,k=1,2,\cdots,m) \quad (4-10)$$

通过i和k的不同组合可以产生$m(m-1)/2$个线性方程,其中只有$m-1$个线性独立的方程。要求解由以上独立方程组成的方程组,必须有3个以上独立方程,也就是说至少需要4个传感器来接收同一信号。

因此,单纯形算法从一个初始试验解,通过迭代计算而获得其最终的数值解。在每步迭代中,基于最小二乘法技术计算出一个修正矢量$(\Delta_x,\Delta_y,\Delta_z,\Delta_t)$,并加到前一次的解中形成一个新的解。当不断进行这种计算,直到修正矢量满足一个预先设定的误差判据,即可求出震源定位参数。

为了考察单纯形法与Geiger法对震源定位精度的影响,文献[132,161]使用ESG声发射监测系统对不同岩样破裂过程中声发射事件的定位过程及结果进行了分析,并比较了上述算法的定位精确度。试验中,选用预先设置了裂纹的试样,限于篇幅,仅选取长方体花岗岩岩样(70 mm×70 mm×150 mm)的声发射定位结果进行分析,不同的定位方法得出的定位结果,如图4-11所示。

从以上试验对比的结果中可以看出,不同的声发射定位算法,得出的声发射定位结果不尽相同,相同试验条件下单纯形法总是比Geiger方法定位出更多的事件,但是对事件定位的准确率较低。另外,上述两种方法都是迭代算法,需要人为设定初始值,而初始值的选取直接关系到优化算法的收敛速度和定位结果。特别是Geiger法对初始值的选取要求更高,以至于需要设置更多的传感器才能满足定位精度的要求;而单纯形法不需要求解走时偏微商的计算,是在空间中寻求最小,寻的路径是在空间(多面体)内,而不是在某点的邻域中进行比较(由梯度)确定的,其定位结果的收敛性、稳定性较好。

综上所述,上述定位方法各有利弊,如何有效地解决迭代法的初始值问题,保证算法的

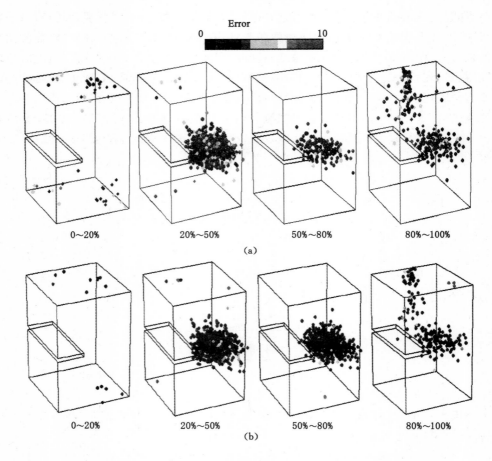

图 4-11　不同定位方法下长方体型花岗岩声发射事件定位结果[160]

(a) Geiger 法；(b) 单纯形法

收敛并且提高迭代法的收敛速度,最大限度地降低漏定位和伪定位,对提高震源的定位精度是至关重要的。通常,充分利用最小二乘法的直接定位方法的估计特性,结合单纯形法或Geiger 法的迭代特性,可有效地解决迭代法的初始值问题,保证算法的收敛并且提高迭代算法的收敛速度。这种混合定位方法为研究震源定位算法的定位精度和收敛速度提供了一个很好的思路。文献[162～163]基于混合(联合)定位方法对震源定位精度的影响进行了深入的研究,认为混合定位方法通过更优的迭代初值提高了迭代求解效率,避免了由于迭代初值不佳而造成定位误差大甚至无法定位等问题。此外,还可以将最小二乘法和其他优化迭代算法(如牛顿迭代法等)进行组合,实现震源的最佳定位。

4.4.3　波速模型的选取及标定试验

一般来说,微震定位算法大部分都是基于 P 波残差模型进行计算的,由走时方程(4-6)可以得出相邻 2 个传感器 $i+1$ 和 i 的到时残差为:

$$\Delta t_i = t_{i+1} - t_i = \frac{L_{i+1} - L_i}{v_\mathrm{P}} = \frac{\Delta L_i}{v_\mathrm{P}} \tag{4-11}$$

式中,$L_{i+1} = \sqrt{(x_{i+1}-x)^2 + (y_{i+1}-y)^2 + (z_{i+1}-z)^2}$;$L_i = \sqrt{(x_i-x)^2 + (y_i-y)^2 + (z_i-z)^2}$。

从上式可以看出,准确选取微震信号在介质中的传播波速 v_P 是非常重要的。一般来说,有两类方法来处理上述模型参数:一类是已知波速模型,求解震源时间和位置的定位方法[164],简称经典法;另一类是震源位置、时间和波速模型一起求解的方法[165-167],简称联合法。前者在工程中应用最为广泛,尤其是微震系统多采用此方法,但该方法中波速模型给不准是最大的不足,很大程度上影响了震源定位的精度。

另外,由于煤岩石材料是复杂的、非均质的,含有大量裂隙、节理和微不连续面的,即使微震信号在同一类性质的岩石中传播,其在不同方向、不同区域的传播速度都是不同的,以至于煤岩石中裂隙、节理和不连续面这些不良体的位置、尺寸及走向很难事先确定,且这些不良体之间的界限也很难划清。考虑到上述因素的影响,当采用式(4-11)确定波速模型时,L_{i+1} 和 L_i 是不容易准确确定的。因此,实际应用时,通常对波速模型进行简化。常用的简化波速模型有异向简化波速模型和整体简化波速模型。异向简化波速模型假定微震信号沿各个方向的传播速度不同,即 $V = \{v_1, v_2, \cdots, v_k, \cdots, v_m\}$,而 v_k 为微震信号沿第 k 个传感器方向传播的等效速度,m 为传感器的个数;整体简化波速模型假定微震信号在介质中传播速度可以等效为一种整体波速模型 V_p[168]。对于目前的微震系统来说,多选用整体简化波速模型进行震源定位,下面采取人工爆破试验标定波速模型的方法重点研究监测区域波速的优化选取及其对震源定位精度的影响。

(1)试验目的

基于 P 波残差理论,通过人工爆破试验对监测区域的波速模型进行标定与优化,从而改善系统精度;另一方面利用已经确定的波速模型验证系统的震源定位精度。

(2)试验方案

根据工程条件,可选用现场合适闲置的孔或直接钻孔的方式,经人工爆破试验。在现场实时钻孔进行试验不方便的情况下,也可利用现场生产过程中被监测区域附近的作业生产爆破数据。为获取更好的试验效果,爆破点最好在传感器阵列内进行布置,要求各爆破网点间的距离在 80 m 以上,而且爆破孔要填塞良好,现场实测到的爆破孔孔底的三维坐标误差要控制在 30 cm 之内。另外,为了保证系统对试验爆破点三维坐标的准确采集,应避开生产大爆破的时段,以减小因大爆破对试验爆破定位事件采集精度的影响,且为了便于系统识别事件,前后两次爆破要至少间隔 10 min。在试验过程中,爆破前由测量人员精确测定各个爆破点的三维坐标 (x, y, z),当试验人员在听到爆破声后立即记录下准确的爆破时间 t,试验时间记录得越精确越好。之后,通过微震系统每个传感器监测到的爆破事件 P 波到时坐标 (x_i, y_i, z_i) 与时间 t_i,就可得到每个传感器所记录的距离和时间差。最后,利用走时方程(4-6)即可确定出监测区域煤岩体的波速,标定原理如图 4-12 所示。

另外,为了较为准确地得到试验区域内的波速,可选取不同的爆破位置进行试验,这样就可以得到一系列的波速 v_P。再把上述得到的波速输入到系统后,就可再次利用以上的爆破试验,计算出系统的最优化波速及震源定位精度的可信区间值。具体爆破试验方案如表 4-1 所列。

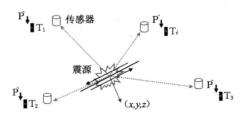

图 4-12 波速模型标定原理

序号	名称	爆破点坐标/m			爆破时间
		x	y	z	t
1		4 290	7 255	−676	08:32:16
2		4 295	6 850	−616	08:45:45
3	标定波速	3 775	7 330	−672	09:20:09
4		3 768	7 318	−660	09:52:35
5		3 766	7 322	−677	10:46:28
6		4 298	6 853	−606	11:22:07
7		3 808	7 520	−650	13:00:46
8	精度验证	3 810	7 515	−650	13:52:23
9		3 800	7 505	−650	14:43:18
10		4 320	6 972	−578	15:21:51

表 4-1   爆破试验方案

（3）试验结果及其分析

针对上述试验内容,选取爆破点为(4 290 m,7 255 m,−676 m)作为研究对象,微震系统有多个传感器获取了爆破试验波形,但仅选取其中的 5 个波形即可满足震源定位的要求,如图 4-13 所示。其中,横坐标为爆破波持续时间(ms);纵坐标为爆破波振幅(mV)。

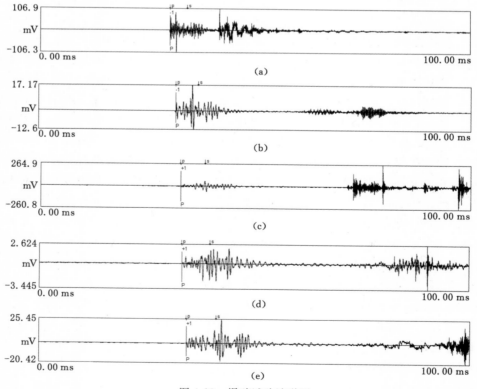

图 4-13 爆破试验波谱图

（a）3#传感器;（b）6#传感器;（c）1#传感器;（d）8#传感器;（e）11#传感器

在系统安装好后，传感器坐标被及时地输入到系统中，而根据上图的波谱图，则可提取传感器 P 波拾取时间的数据用于分析，如表 4-2 所列。

表 4-2　　　　　　　　　　　　　　5 个传感器的 P 波拾取时间

传感器编号	传感器坐标/m			P 波拾取时间
	x	y	z	t/ms
3#	4 216	7 323	−652	36.2
6#	4 261	7 151	−683	38.1
1#	4 199	7 190	−696	40.3
8#	4 349	7 357	−667	42.0
11#	4 391	7 190	−708	44.3

为了表述的方便，以首个 3# 触发传感器为参考传感器，编号为第 1 传感器，后续编号分别为第 2 传感器（6# 传感器）、第 3 传感器（1# 传感器）、第 4 传感器（8# 传感器）及第 5 传感器（11# 传感器）。表 4-3 为根据图 4-13 参与定位传感器坐标参数和对爆破事件 P 波的拾取时间差。

表 4-3　　　　　　　　　　　　　　前 5 个传感器拾取时间差

传感器编号	与第 1 传感器（3# 传感器）时间差/ms
第 1 传感器（3# 传感器）	0.000
第 2 传感器（6# 传感器）	1.900
第 3 传感器（1# 传感器）	4.100
第 4 传感器（8# 传感器）	5.800
第 5 传感器（11# 传感器）	8.100

可以看出，此时爆破点（4 290 m，7 255 m，−676 m）就是震源坐标 (x, y, z)，表 4-2 中的传感器坐标即为 (x_i, y_i, z_i)，而表 4-3 中则表示了时间差 Δt_i，将上述数据代入式（4-11），即可直接得出不同的波速 $v_{\text{P}j}(j = 1, \cdots, 4)$。之后，选取不同的试验爆破点就可以得到一系列的波速 v_{P}，如图 4-14 所示。因此，由爆破试验标定的监测区域煤岩体内最优化的 P 波波速为：$v_{\text{P}} = 2\,572.25$ m/s。

与传统的以实验室所测试样波速进行定位计算相比，上述通过爆破试验标定波速的方法能够较为真实地反映出监测区域的煤岩体波速。同时，该方法也为工程现场获取地震波传播速度资料提供了新的思路与手段，特别是在检测与监测方面，由于微震技术能够提供实时连续的资料，这是其他技术方法所不能代替的。很显然，该方法标定的波速只是监测区域的等效平均波速，没有考虑到煤矿层状煤岩传播路径复杂的特点，以至于在一定程度上影响了波速模型的选取效果。

另外，利用上述标定的 P 波波速，在输入系统后又可以通过爆破试验对监测系统在该监测区域的定位精度进行验证与校核。通过运用表 4-1 中用于精度验证的数据进行试验分析，不难看出，爆破点坐标与爆破时间相当于真实的震源坐标与发震时刻，而此时，波速已知

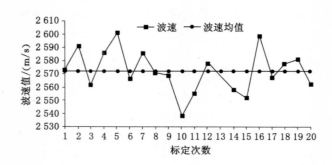

图 4-14　爆破试验标定的 P 波波速

且恒定,再提取系统对该次试验所监测到的坐标与时间,即可将上述数据代入走时方程
(4-6)。之后,直接求解方程组可得出震源坐标与时间,并与真实震源坐标比较,如表 4-4
所列。

表 4-4　　　　　　　　　　　人工爆破试验与微震监测定位精度对比

序号	时间 t	爆破点坐标/m			系统监测坐标/m			误差/m			绝对空间误差/m
		x	y	z	x	y	z	x	y	z	
1	11:22:07	4 298	6 853	−606	4 289	6 867	−617	9	14	11	19.9
2	13:00:46	3 808	7 520	−650	3 818	7 528	−632	10	8	18	22.1
3	13:52:23	3 810	7 515	−650	3 821	7 502	−666	11	13	16	23.4
4	14:43:18	3 800	7 505	−650	3 797	7 499	−665	3	6	15	16.4
5	15:21:51	4 320	6 972	−578	4 331	6 966	−595	11	6	17	21.1

　　从上述验证结果可以看出:x,y 方向(水平)的误差在 10 m 左右;z 方向(垂直)误差较
大,在 15 m 左右;绝对空间距离误差为 20 m 左右,系统定位精度符合现场定位的要求。尤
其是对于位于传感器阵列内的爆破点,系统定位精度较高,定位效果非常理想。而且,此次
试验系统所采用的传感器都是单分量的检波器,如果在传感器阵列内安装若干个三分量的
传感器,则系统的监测精度将大为提高。

　　另外,除了上述重点研究的震源精度影响主要因素外,微震系统本身(传感器信噪比、频
率响应特性、数据采集仪模数转换能力与 P 波观测到时检测原理)、传感器安装及其坐标测
量误差以及试验数据读取误差等也对震源定位的精度有着较大影响。针对上述问题,在微
震系统监测过程中,及时合理地了解系统的各种性能、监测范围,煤岩体特性(均匀性)、煤岩
波速以及采掘工程影响(采空区、工作面与巷道)等因素是至关重要的。尤其是在确定系统
的安装方案时,传感器的布置原则如下:

　　(1) 保证传感器与孔底耦合良好,且有足够的密度,阵列趋向于立方体形状的网络是比
较理想的布置方案,避免扁平状或同一直线式;

　　(2) 尽可能地布置在同一煤岩层中(或同一开采水平),使弹性波传播的介质相同,从而
减少将地层视为均匀速度场产生的误差;

　　(3) 尽量避免阵列内有较大断层及破碎带的影响;

（4）不仅要考虑当前开采区域，又要规划未来一定时期内开采活动的监测需要；

（5）要求安装方案经济、安全、高效、可操作性强，且与生产活动交叉干扰影响较小。

4.5　噪声识别与滤除综合分析方法

在微震监测过程中，由于工程现场极为复杂，噪声源较多，以致大量的背景噪声与有效的微震信号混合在一起，识别并滤出噪声信号较难，给后续分析工作带来很大干扰。因此，如何准确而及时地滤除干扰信号，标定出有效的微震信号，并最终在三维可视化中显示出来是非常有必要的。

针对上述问题，许多国内外研究学者进行了相关方面的研究。文献[169～171]研究了互相关滤波理论，并提出了一种基于统计规律的多道互相关滤波方法，在消除噪声方面取得了良好的效果；潘一山等[172]基于小波变换滤波基本原理，结合矿震信号与噪声在小波变换中表现出来的不同特性，研究了识别信号所包含的频率成分，从而滤除噪声的方法；陆菜平等[173]采用时-频分析技术分析了两种典型微震信号的功率谱和幅频特性，对微震信号进行了辨识；王继等[174]利用人工神经元网络方法，提出了一种从连续的地震数据中检测出地震事件的方法；杨光亮等[175]根据希尔伯特-黄模态分解的特点，结合STA/LTA算法自动识别信号模态与噪声模态，提出了基于HHT的模态分解STA/LTA的信号自动去噪算法；宋维琪等[176]在卡尔曼滤波方法基础上，设计了微地震卡尔曼滤波的实现算法；罗俊海等[177]改进了RBF模糊神经网络前件和后件的结构和学习算法，利用该系统对含噪声的非线性信号逼近，达到消除噪声的目的；宋洪量等[178]在极化滤波的基础上，通过改进算法，设计了自适应极化滤波方法，把波的跟踪分量作为极化滤波因子的期望方向，改进了常规滤波因子，实现了自适应极化滤波。

以上方法为噪声的滤除提供了新的思路与手段，但这些传统的除噪方法多着重于信号的某一参数特性进行分析，尤其是集中在波形的频率方面，以致缺乏多参量耦合状态下的综合分析。此外，在结合实际工程特点方面，传统方法也有一定的局限性。可以看出，基于噪声检测滤出原理，结合监测现场信号类型与特点，建立一套多参量识别与滤除噪声的综合分析方法是至关重要的。

4.5.1　信号类型与特征

通常，微震系统接收到的信号主要分为三类：有效的微震信号、爆破信号及各种原因引起的噪声信号。微震信号具有频带较宽、谱成分丰富的特性；爆破信号较多，特征明显，较易识别；但是，噪声信号多种多样，各种噪声的特点明显不同，即使是同一种噪声，由于产生的条件和环境等因素的变化也会表现出不同的特点。根据噪声的来源，大致可以归纳为以下4种类型：

（1）电气噪声。该类噪声主要是电气设备及其电缆产生的干扰，频率成分复杂，振幅变化不大；噪声的频率较固定，幅度可能很大，但持续时间极短。

（2）机械作业噪声。该类噪声主要来源于井下各类机械设备的作业，具有明显的周期性，持续时间一般较长，而振幅变化较小。

（3）人为活动噪声。该类噪声主要是由传感器位置附近人为活动引起，是较难滤除的噪声，频率变化范围较宽，且振幅变化也较大。

（4）随机噪声。该类噪声主要是传感器附近的煤岩体垮落、塌孔引起的噪声，幅度变化较大，频率成分较为复杂。

4.5.2 信号检测滤除原理

一般来说，微（地）震采用长短项平均值法（STA/LTA）进行信号的检测，以至于该阈值的选取决定着信号的初步检测情况，该方法检测信号的抗噪能力比较强，灵敏度高。STA/LTA 是一种震相自动识别方法，由于该检测方法具有算法简单、速度快、便于实时处理等特点，被广泛地应用于弹性波的初动识别，其原理为用 STA（信号短时平均值）和 LTA（信号长时平均值）之比来反映信号水平或能量的变化，当信号到达时，STA 要比 LTA 变化得快，相应的 STA/LTA 值会有一个明显的增加，当其比值大于某一个阈值时，此点被判定为初动[179-180]。长短时平均比方法是较早的一种自动识别震相的方法，它既可以判断有无微（地）震信号，又可以检测震相到时。长短时平均比 R 是短时间窗内的平均值与长时间窗内的平均值之间的比值，如下式所示：

$$R = \frac{S_{\text{STA}}}{S_{\text{LTA}}} = \frac{\sum\limits_{i=1}^{N} x(i)/N}{\sum\limits_{j=1}^{M} y(j)/M} \tag{4-12}$$

式中　$x(i)(i=1,2,\cdots,N)$ ——短时间窗内数据；

　　　$y(j)(j=1,2,\cdots,M)$ ——长时间窗内数据；

　　　N ——短时间窗内的样本数；

　　　M ——长时间窗内的样本数。

而判断有无微（地）震信号的判据是 R 值是否大于预先设定的阈值，长、短窗内的 $x(i)$ 和 $y(j)$ 是选择了振幅的绝对值，长短时窗口内参数选用振幅的绝对值计算量小且运算简单[181]。如果通道的长短比值 R 大于设定值，那么该通道满足检测条件，同时，通道的触发票数也大于设定的触发票数，系统便触发开始记录数据。STA/LTA 法检测原理如图 4-15 所示。

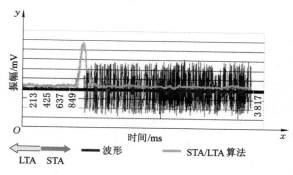

图 4-15　STA/LTA 法信号检测原理

上述所介绍的通过设定 STA/LTA 阈值作为门槛值滤出噪声的方法是理论上的设定，实际监测区域现场的改变，门槛值的设定也要随之而变更，紧紧依靠一个参数的设定是不能完全将有效的微震信号从纷繁复杂的信号中抓取出来的。因此，有必要结合其他参数设定或者经验来综合判断，每一个定位事件的属性都是不一样的，比如：波形类型、波形振幅、频率、震级、能量及模拟声音等信息。

从波形和振幅上来说，在震相图上微震波表现为成组出现，且每次压裂之间的间隔时间较短而且间隔时间相等或接近；持续时间短，衰减快；各地震波的功率谱、对数谱特征明显不同；在时间分布上有较强的规律性；在空间分布上呈点状、团状或带状；而噪声产生的波形成分复杂，振幅大小不一，波形较为不规则；有效微震信号一般在 0～200 Hz 之内。在震级与能量上对比可以看出：有效微震信号的震级和能量都较大，有时因为压裂工艺和地点的差异，二者甚至很难区分，而噪声信号一般却较小；对于有效微震信号和噪声的模拟声音，二者明显不同，较易区分。

针对 ESG 系统的特点，考虑到噪声的种类以及该矿井下生产的实际情况，在数据接收软件 HNAS 的触发窗口将 STA/LTA 门槛值设置为 3，此阈值可以根据接受事件的多少和噪声事件的个数等监测情况而重新设置，如图 4-16 所示。

图 4-16　STA/LTA 参数

4.5.3　多参量识别分析方法

基于上述 STA/LTA 原理检测滤除信号的方法，能达到较高的检测率，但误检率较高，滤波过程单一。而且，仅仅借助于该阈值参数的设定是不能完全地将有效的微震信号从纷繁复杂的背景信号中识别出来的，甚至有效的信号也有可能被滤除。考虑上述问题，结合监测系统本身硬件方面的特点，开展系统设备的抗干扰性能的研究是滤除噪声的一个重要环节。另外，由于系统监测的每一个信号的属性都是不一样的，比如：波形类型、波形振幅、频率、震级、能量及模拟声音等信息，所以，有必要结合系统监测信号的其他参数表现特点进行多参量条件下的噪声综合识别分析，旨在最大限度地滤除噪声，辨识出有效的微震信号。下面将对系统硬件设备抗干扰性与监测信号属性的除噪基本特点进行详细分析。

（1）电路系统抗噪干扰

由于监测系统会受到低频电磁干扰，将会影响到信号的质量。通常，实行电源分组供电，可防止设备之间的干扰；其次，采用隔离感应式变压器和不间断电源，保证了系统工作的稳定运行；第三，采用高抗干扰性能的电源，提高了传感器的抗干扰能力；再者，系统采用了智能诊断与监管（watchdog）技术可抑制尖峰脉冲的影响。

（2）信号传输通道抗噪干扰

采用接地屏蔽线可以有效减小电磁场等因素的干扰。系统信号传输采用的双绞线能使各个环节的电磁感应干扰相互抵消。而且，双绞屏蔽线可以有效地抑制周期性的尖峰干扰与系统设备间的干扰。

（3）波形和振幅

从波谱图上看，微震信号波形成分简单，形状规则，振幅变化不大，能很好地反映出煤岩弹性波积聚并释放的完整过程；爆破信号常成组出现，每次爆破间隔时间较短而且间隔时间相等或接近，持续时间短，衰减快，振幅很大，且在时间分布上有较强的规律性，在空间分布上呈点状、团状或带状分布；而噪声信号波形成分复杂，振幅有大有小，波形极为不规则。

（4）震级和能量

微震信号震级与能量变化不大，常集中在较为固定的区域内，总体上看，二者都较小；爆破信号震级与能量都较大，也常集中在一定区域内，且有时与微震信号产生交叉，较难区分，这是因为生产中爆破药量或地点的影响所造成的;而噪声信号的震级与能量一般较小,较易区分。

（5）模拟声音

借助于系统的信号转换功能,系统可以很清晰地模拟出信号的各种声音。一般来说,微震信号会发出"咔咔"的煤岩体断裂的声音;爆破信号则被模拟成"嘣嘣"的爆炸声音;而噪声信号较为复杂,有时会发出"嘶嘶"声,有时则发出"啪啪"声。

4.5.4　噪声滤除方法实例分析

（1）微震监测系统建立概况

以淮南矿业（集团）有限责任公司新庄孜煤矿六水平典型工作面安装的微震监测系统为例,微震系统于 2009 年 4 月 6 日正式投入运行。而且,这是国内首例将微震监测系统成功地运用到高瓦斯矿井,同时,新庄孜矿也成为我国第一个使用最多通道（30 通道）监测煤与瓦斯突出等动力灾害的矿井。

（2）噪声识别与滤除

由于在系统安装时,已经充分地考虑了系统设备的抗干扰性,并采取了合理的防护措施,在此着重对信号属性的除噪方法进行详细分析。首先,利用 STA/LTA 方法检测系统接收的信号,在设定不同的阈值后,系统接收到的信号数明显不同。如果把 STA/LTA 值设置得太高或太低,都将会对信号属性的识别造成很大困难,假如阈值设置得太高,有效的微震事件也将被滤除;太低的话,则将会产生大量的噪声信号。如图 4-17 所示。

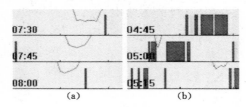

图 4-17　噪声信号对比

针对 ESG 系统的特点,考虑到噪声的种类以及该矿井下生产的实际情况,在数据接收软件 HNAS 的触发窗口将 STA/LTA 门槛值设置为 3,此阈值可以根据接收事件的多少和噪声事件的个数等监测情况而重新设置,如图 4-18 所示。

图 4-18　STA/LTA 参数

如果把 STA/LTA 门槛值设置得太高或太低,都将会对微震事件属性的识别造成很大困难,假如门槛值设置得太高,有效的微震事件也将被滤除;太低的话,则将会产生大量的噪声事件,如图 4-19 所示。

系统运行近半年来的实践证明,STA/LTA 门槛值设置为 3 是合理的,每天接收的定位事件大约有 40 个,由于目前监测区域压裂很少,只是在远离监测区域的部分地区有零星的井筒压裂,以至有时产生的压裂定位事件有 3～5 个,有时产生的有 1～2 个,甚至没有;每天产生的噪声事件有 15～25 个,经过此门槛值后,大部分噪声事件都会被滤出,而不对其进行

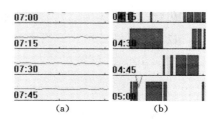

图 4-19 噪声事件对比

(a) STA/LTA 门槛值高；(b) STA/LTA 门槛值低

定位显示，没被滤出的定位事件有 3～8 个。经过统计，门槛值滤出前后，每个月定位事件产生的个数进行对比。

经过统计，采用阈值检测信号后，大部分的噪声信号被滤除。以一个月的监测情况为例，滤出之前，系统每天监测的信号在 25 个左右；而滤除后，信号剩余仅为 12 个左右。可见，阈值除噪的效果十分明显，如图 4-20 所示。

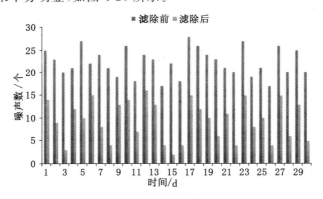

图 4-20 一个月内噪声滤除前后对比

被滤出的噪声事件在数据接收窗口显示为灰色条状，而微震事件、一些爆破事件及没有被滤出的事件则显示为黑色条状，如图 4-21 所示。

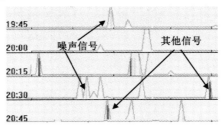

图 4-21 被滤出的事件

从图 4-21 可以看出，经过 STA/LTA 门槛值设定后滤出了大部分的噪声事件，但由于噪声源的复杂性，某些定位事件会与微震事件混合在一起而没被滤出，这就需要结合定位事件的其他属性来综合考虑。因此，利用被定位事件的其他属性进一步识别没被滤出的事件也是必要的，波形信息也是微震事件区别于其他事件的重要指标，不同的定位事件的波形形状、振幅大小、频率是不同的。

但由于噪声源的复杂性,部分没有被滤出的噪声信号及爆破信号会与有效的微震信号混合在一起,难以识别。之后,借助于信号属性的特点深入地分析噪声的滤除过程。经过分析,分别选取典型的系统监测的几例微震信号、爆破信号以及噪声信号的波形进行对比研究。一般来说,有效微震信号的波形形状较规则,可以反映出弹性波积聚、达到峰值、释放并最终衰减完全的能量传播过程,尾波较发育,衰减较慢,持续时间多在 30～350 ms 之间;振幅变化较大,在 5～200 mV 之间;频率规律性也较强,多分布在 30～180 Hz 之间,如图 4-22(a)、(b)所示。对于爆破信号来说,波形形状很规则,很明显,易识别,尾波不发育,持续时间很短,衰减很快,只有十几毫秒或几毫秒;振幅也较大,分布在 50～300 mV 之间,频率一般在 50 Hz 以下,如图 4-22(c)所示。而噪声信号的波形形状不规则,甚至有些杂乱无章,较易识别,尾波发育,衰减快慢不一,持续时间跨度大,在 10～10 000 ms 之间;振幅一般较小,多在 0～50 mV 之间;频率规律性不强,存在着多个频段,如图 4-22(d)所示。其中,波形图中的横坐标为时间(ms),纵坐标为振幅值即输出电压(mV)。

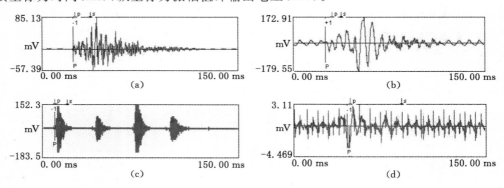

图 4-22　几例典型的监测信号波形
(a) 微震信号(小振幅);(b) 微震信号(大振幅);(c) 爆破信号;(d) 噪声信号

从图 4-22 可以看出,各个微震信号的波形特点明显不同。有效的微震信号波形规律性强,反映了应力波的释放过程,衰减较慢,持续时间较长,振幅大小变化较大,这说明传感器接收的远近程度不同;爆破信号波形简单,持续时间短,几乎无尾波,振幅较大,较容易识别;而噪声信号波形成分复杂,尾波不明显,持续时间较长或很短,振幅一般较小,表现出明显的不稳定性。另外,定位事件的震级与能量等属性也是不同的,震级级别基本都在 0 级以下,多集中在 $-0.5～2.5$ 级之间;能量都集中在 10^6 J 数量级内,一个月内的微震事件震级分布情况,如图 4-23 所示。

一般来说,有效微震信号的震级与能量也是不同的,对于本次试验来说,震级级别基本在 0 级以下,多集中在 $-1～0.5$ 级之间,能量多集中在 10^6 J 数量级之内;爆破信号震级较大,多在 0 级以上,能量也较大;而噪声信号震级与能量变化较大。另外,通过对微震信号被模拟的声音的识别与判断,可再次对信号属性进行验证。

在经过上述方法对监测信号的属性进行了详细的识别与滤除后,通过不断地标定出信号的不同形状,最终可实现在三维可视化图形中对信号的有效显示。通常,用不同颜色的小圆球代表有效的微震信号;用不同颜色爆炸状的球体表示爆破信号;而噪声信号则用不同颜

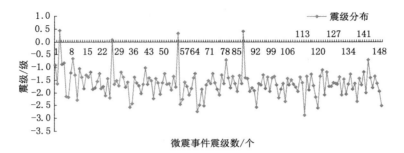

图 4-23　震级大小分布

色的多边块体表示，如图 4-24 所示。不难看出，在三维可视化图中，信号在经过标定之后，可以很清晰地看出其属性。而且，可通过屏蔽爆破和噪声信号，仅保留有效微震信号的方式，为分析预测微震信号的空间分布规律提供了前提条件。

综上所述，经过上述综合分析方法对信号的及时滤出和识别，实现了有效的微震信号的甄别和标定，促进了后续研究分析工作的有效开展。

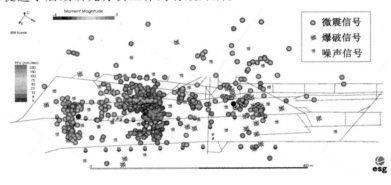

图 4-24　标定信号的三维可视化

综上所述，STA/LTA 作为门槛值是至关重要的，且可以根据系统监测情况而灵活改变阈值。微震事件、噪声事件及爆破事件属性明显不同：微震事件波形较规则，尾波较发育，持续时间较长；噪声事件波形杂乱，尾波发育，持续时间变化大；爆破事件波形很规则，尾波不发育，持续时间很短，较易识别。利用 STA/LTA 的阈值算法作为门槛值可以滤出大多数噪声事件，再结合定位事件的波形类型、振幅、持续时间、事件震级和能量以及被模拟的声音等属性形成一套综合识别和标定微震事件的方法，是标定出有效的微震事件并在三维图中显示，进而寻求微破裂、应力场和实际生产的关系并采取防治措施的基础。所以，基于 STA/LTA 的阈值算法和定位事件属性识别并标定出有效微震事件的综合方法是有效的，也是切实可行的。

4.6　微震监测系统网络构建

4.6.1　网络改进设计的必要性
对于微震系统来说，各个仪器单元之间通过不同的信号传输而产生联系，信号传输过程是整个系统的一个非常重要的环节,关系后续数据的接收与分析质量。另外,在监测过程中,通常要求监测设备长时间实时连续地工作。而限于现场条件,安排专业人员始终在现场值守可能性不大,这就要求系统能够自动处理大量的数据采集工作,并进行实时处理。因此,选择哪种传输介质和设备传递控制信号将直接影响到系统的监测质量和可靠性。

目前,国内外的微震监测系统、声发射系统以及地音系统等常使用电话线作为主干信号的传输介质,而这种信号传输模式较为简单、可以利用工程现场已有的电话线路、成本低、易于操作。但是,这种模式的缺点也是非常明显的,如速度慢、受强电磁干扰大、损耗大造成信号失真、稳定性差等。由于工程现场条件复杂,特别是煤矿受井下高温高压、强电磁干扰大、路径复杂、传输距离较远等条件限制,为此,建立一个基于光纤传输模式的微震系统网络结构是十分必要的。

4.6.2 信号传输模式及其特点

通常,对于微震监测网络来说,可以采用的信号传输介质为电话线和光缆,下面对二者的功能特点作详细分析和比较。

(1)电话线。一般在小范围的监控系统中使用电话线,由于传输距离很近,传送时对信号的损伤不大,能满足实际要求。但是,根据对电话线自身特性的分析,当信号在电话线内传输时其受到的衰减与传输距离和信号本身的频率有关。一般来讲,信号频率越高,衰减越大。每个传感器都需要通过电话线连接到监控主机,造成电话线较多,布线不太方便,较为复杂。即使使用工程现场已经铺设的电话线,会造成占用已有的通信通道,而且会造成信号互相干扰,影响监测质量,维修工作复杂。另外,电话线抗干扰能力有限,无法应用于强电磁干扰环境。

(2)光缆。光缆之所以使用如此广泛,越来越受到重视,是因为它具有抗干扰能力强、传输距离远、布线容易、稳定可靠等许多优点。光缆应用在监控领域里主要是为了解决两个问题:传输距离和环境干扰。电话线只能解决短距离、小范围内的监控信号传输问题,如果需要传输数千米甚至上百千米距离的信号则需要采用光纤传输模式。另外,对一些强电磁干扰场所,比如煤矿,井下情况十分复杂,为了不受环境干扰影响,也要采用光纤传输模式。因为光缆具有传输带宽、容量大、不受电磁干扰、受外界环境影响小等诸多优点,一根光缆就可以传送监控系统中需要的所有信号,传输距离可以达到上百千米。而且系统具有灵活的传输和组网方式,信号质量好、稳定性高。

4.6.3 网络构建方式及原则

根据工程条件,选择合适的组网结构方式是非常重要的,将直接影响微震系统的建设周期、成本、信号传输路径的优化及后期维护管理。常见的微震监测网络建构方式有以下三种:

(1)总线型。在这种网络中,数据采集系统直接与总线相连,它所采用的介质一般也是光缆作为总线型传输介质。该结构不需要另外的互联设备,直接通过一条总线进行连接,费用较低;各节点是共用总线带宽的,随着接入数据采集系统的增多传输速度会降低;扩展较灵活。而该结构维护较困难,单个节点失效不影响整个网络的正常通信。但如果总线断了,整个网络也受到影响。

(2)星型。在这种网络中,每一个数据采集系统直接与主机数据分析系统相连,它一般所采用的也是光缆作为传输介质。该结构采集系统扩展、移动方便;维护较容易,节点出现的故障不会影响其他节点的传输;传输数据快;路径简单。但缺点是工程量和材料用量大;

周期长;造价较高。

（3）混合型。这种网络结构兼顾了上述两种结构的特点,可满足较大网络的拓展,网络速度较快;应用灵活;但较为复杂,难以维护。

以上三种网络结构如图 4-25 所示。

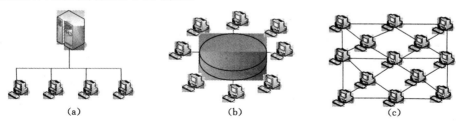

图 4-25　网络构建方式

（a）总线型;（b）星型;（c）混合型

4.6.4　系统网络构建

考虑到上述网络结构与微震试验的特点,本系统优先选择基于光纤传输的总线型网络传输模式。通常,在该网络结构中,系统包括三个部分:传感器、数据采集仪及主机分析系统。三者之间的信号传递路径与类型如下:传感器由检测元件、前置测量、转换电路和电源组成,传感器接收到的是煤岩体内的弹性声波;检测元件直接与被测煤岩体接触,测量电路将检测元件输出的电信号变换为便于显示、记录、控制、处理的标准电信号,并经过信号放大后,通过信号电缆线传输给数据采集;数据采集仪将电信号进行放大、滤波、采样、量化、编码以及 A/D 转换,形成数字信号,以便进行数字传输和分析处理;之后,经过光纤收发器的 D/G 转换,数字信号被转换成光信号,再通过光纤收发器的 G/D 转换,光信号又被转换成数字信号;最后,通过双绞线将信号传输到主机分析系统。如图 4-26 所示。

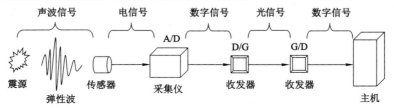

图 4-26　信号传递路径与类型

在系统网络构建过程中,主要涉及两种线缆:电缆和光缆,如图 4-27（a）所示。电缆主要用于各个传感器与数据采集仪之间的连接;而光缆用于各个数据采集仪与主机之间的连接。二者的布线及其连接要求如下:① 电缆。本试验使用的是型号为 20AWG 带屏蔽性的铜芯电缆,共 30 根,总长达 13 000 m。另外,电缆的布置应尽量远离动力电缆及照明线,如图 4-27（b）所示。② 光缆。试验使用的是 4 芯单模式光纤,共 1 根,总长达 5 000 m。与电缆不同,光缆几乎不受动力电缆干扰的影响,但光缆的连接较为麻烦,操作步骤复杂,主要包括:剥纤、熔纤、盘纤以及连接尾纤等工序,如图 4-27（c）~（f）所示。

另外,在系统运行过程中,各个单元的功能及其工作原理如下:首先,传感器把接收到的弹性波信号通过铜芯电缆传递给数据采集仪,每个采集仪最多只能连接 6 个单轴或 2 个三

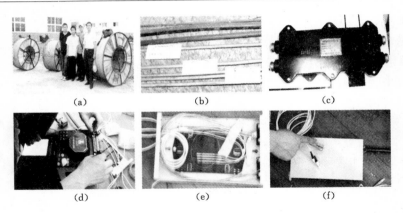

图 4-27　线缆连接技术要求

(a) 线缆;(b) 吊挂;(c) 接续包;(d) 熔纤;(e) 盘纤;(f) 尾纤

轴或其他组合方式的传感器,而采集仪之间采取串联的方式进行连接;之后,经过数模与光模转换,通过光缆将信号以光信号的形式传递到地面的主机分析系统;最后,监测信号通过主机的计算分析,转换成各个格式的数据库并进行及时保存。此时,数据可供主机附近的操作主机调阅与分析,另一方面,也可以通过网络交换机将数据传输到现场的决策系统,便于决策层的判断并采取合理的应对措施。同时,借助于与主机终端相连的 GPRS 发射端把数据发送到远方的监控分析中心,以便技术人员实时了解系统的运行状况并进行科研分析,或通过专家系统的分析与支持,把监测信息反馈给监控中心或现场分析与决策人员。不难看出,整个网络系统能够实时将数据传递给各个分析与决策方,实现了数据的交互无缝链接,为及时解决工程中可能出现的动力灾害问题提供了保障。上述构建的微震监测系统网络连接拓扑图,如图 4-28 所示。

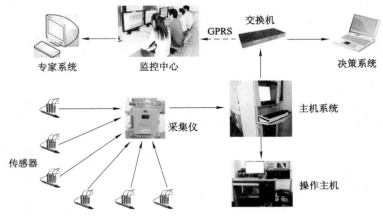

图 4-28　系统网络构建图

4.7　本章小结

针对微震监测系统及其在煤矿井下应用中出现的问题,本章主要通过理论分析、软硬件

开发以及现场试验等方法详细介绍了煤矿井下微震监测系统开发、改进及其设计构建的过程,主要研究内容如下:

(1)以 VC++6.0 为开发平台,结合 OpenGL 三维图形开发库,研制开发了微震和瓦斯信息三维可视化及远程传输系统。该系统一方面实现了对微震信号的时间序列及信号类型的统计分布规律进行实时三维可视化显示,以便日常分析;另一方面,提供了数据的远程无线传输模式,而且远程传输模块具有可靠性高、实时性强、监控范围广等特点。

(2)结合微震数据采集仪的特点,改装了该设备的部分配件,重新设计了防爆箱,改进后的采集仪既保证了数据的采集与分析,又满足了煤矿井下对电气设备防爆的要求。另外,改进了传感器固定、安装装置及其安装方法,该装置和方法不仅保证了信号接收的有效性,而且提高了安装效率,节省了安装成本。

(3)提出了微震震源定位精度的主要影响因素,通过采取分析定位精度误差的方法研究了传感器阵列优化设计方案,总结了微震定位算法,详细介绍了各种定位算法,尤其是 Geiger 法与单纯形法对定位精度的影响,采取人工爆破试验标定波速模型的方法,重点研究了监测区域煤岩波速的优化选取及其对震源定位精度的影响,并提出了传感器的布置原则。

(4)深入分析了微震信号的主要类型以及噪声信号的来源及其特点,介绍了长短项平均值法(STA/LTA)信号检测滤除原理与多参量识别分析方法,结合工程实例,进一步揭示了基于噪声检测滤出原理,结合监测现场信号类型与特点,建立一套多参量识别与滤除噪声的综合分析方法,并对滤出后的信号在三维可视化图中进行了标定。

(5)详细总结了微震信号传输模式及其特点,阐述了网络构建方式及原则,描述了信号传递路径与类型,介绍了电缆和光缆的布设及其连接技术要点,构建了基于光纤传输技术的微震系统网络结构,该网络结构传输距离较远、路径简单、受干扰小、维护较容易。

5 煤与瓦斯突出危险性 评价指标及预警模型研究

5.1 概　　述

众所周知,煤与瓦斯突出是严重威胁煤矿安全生产的主要自然灾害之一,是一种极其复杂的动力现象。而我国是世界上煤与瓦斯突出灾害最为严重的国家之一,突出矿井多,且突出事故发生频繁。近年来,随着煤炭需求量的不断增长,国内煤矿的开采强度和开采深度不断增加,开采地质条件也更加恶劣复杂,加之各煤炭企业陆续采用新工艺和新设备,也带来了许多新的技术问题,导致煤与瓦斯突出灾害日益严重,对企业的安全生产构成了极大威胁。

通常,大部分的瓦斯灾害事故与矿井采掘工作面(掘进巷道、石门揭煤、采煤工作面以及地质构造带控制下的上述工程)密切相关,而导致上述事故发生的主要原因如下:对于有突出危险的掘进工程,在采掘扰动力等综合作用下,煤体内应力转移变化快,弹性能不断积聚,形成应力集中区,以致煤中的应力与采掘工作面存在着压力差。但是,煤体内塑性流变时间短,自身耗散能量减少,积累的能力不能得到有效地释放,这就有可能诱发瓦斯灾害事故。尤其是,当掘进工作面前方出现了断层、褶皱等地质构造时,必然会对煤层的连续性产生影响,从而使煤层变薄、断开,阻碍了瓦斯流动的通道,使得瓦斯压力升高,在一定程度上也增加了瓦斯动力灾害的危险性。可以看出,开展高瓦斯矿井采掘工作面煤与瓦斯突出危险性的分析、评价及预警研究是至关重要的。

5.2 突出危险性评价指标

瓦斯突出预警的根本目的是要对煤与瓦斯突出的危险程度进行预报,因而选择科学、合理、有效的指标并构建完整的指标体系,是进行煤与瓦斯突出预警的基础和前提。有关煤与瓦斯突出的危险性状态预警的描述是通过一系列指标完成的,指标体系选择的不同会产生不同的预警结果,所以预警指标的选择是建立预警系统的关键。只有建立了合理、有效的指标体系,系统才会在出现安全隐患时给以警告引起工作人员的注意,确保安全隐患不再扩大,从而达到安全预警的目的。

矿井煤与瓦斯突出事故的突然性与灾害性,造成了对其危险性评价与预警的复杂性与随机性。在微震监测试验的过程中,获取了大量反映煤岩体时空动态损伤破裂的监测数据,而这些数据有一定的随机波动性,不能很好地反映出突出危险性的前兆规律与特征。所以,需要运用相关数学统计方法对得到的数据进行合理的分析处理,才能显示出数据的规律性,并找出具有代表性的特征值与临界值。通常,数理统计方法作为一种处理离散或随机数据的数学方法,一直被人们所重视,而且在许多方面取得了良好的应用效果。因此,建立合适的危险性评价指标与预警模型,对掌握突出发生前的微震活动规律是非常必要的。

试验时,微震信号是一种脉冲式波形信号,需要对其进行特征参数的提取,之后,根据提取后的参数值大小及其变化规律进行灾害事故的分析、评价与预警。一般来说,常用的微震信号特征参数包括微震事件数、事件率、总事件、大事件、能量以及能率等。上述参数的定义与特点如下:

(1) 微震事件数——煤岩等材料每释放一次弹性应力波称为一个微震事件,反映了材料固有缺陷的数量和启动缺陷的总量和频度,用于缺陷源的活动性和缺陷动态变化趋势的评价,也叫微震事件频次。

(2) 微震事件率——单位时间内微震事件数,反映了微震的频度和煤岩体的破坏过程,也叫微震事件频度。

(3) 总事件——单位时间内微震事件的累积次数。

(4) 大事件——单位时间内超过一定值的声发射次数。

(5) 能量——以各个微震波形最大振幅的平方和作为相对指标,其反映了煤岩体微震强度和能量释放的相对指标。

(6) 能率——单位时间内煤岩体微震能量的相对累计,是煤岩体破裂及尺寸变化程度的重要标志,综合概括了事件频度、事件振幅及振时变化的总趋势。

目前,传统的微震数据分析常采用微震事件数与能量等参数的统计规律进行灾害事故发生的评估研究,以至于没有较好地考虑到事故发生本身的时间参与机制,常常造成评估的不准确性,甚至有可能发生误判的状况,给正常的分析工作带来了很大的障碍。基于此,考虑到上述微震参数的规律与特点,结合突出危险性时间效应分析的需要,建立的评价综合指标如下:

(1) 事件频度 f ——单位时间内微震事件数。

(2) 事件能率 e ——单位时间内微震能量的累积。

(3) 事件动态趋势 r ——单位时间内比前一个值大的值个数与正常值个数的比值。

另外,为了及时合理地分析与评价系统监测数据,分别建立了长时与短时综合评价指标。一方面,根据微震监测系统数据采集与记录的特点,选择 24 h 作为长时指标,相应的评价指标为:事件频度 L_f、事件能率 L_e 及事件动态趋势 L_r;另一方面,结合目前矿井现场"三八制"采掘作业的工作模式,选择 8 h 作为短时指标,相应的评价指标为:事件频度 S_f、事件能率 S_e 及事件动态趋势 S_r。一般情况下,长时指标数据量多,不易受到新数据的影响,但灵敏度差;而短时指标准确性差,但灵敏度好[182]。

5.3 突出危险性预警模型

5.3.1 预警模型

煤与瓦斯突出内在机理极为复杂,突出影响因素与突出事件之间相关规律存在一定的不精确性和模糊性,基于经验的传统预测技术和基于数学建模的统计预测方法的应用已受到了很大的限制。目前,一些先进的理论方法如计算机模拟、模糊数学理论、灰色系统理论、神经网络、专家系统、分形理论和非线性理论、流变与突变理论等已开始应用于煤与瓦斯突出的定量评价与分析中,并取得了一定的研究成果。

赵阳升根据固体变形与瓦斯渗流的基本理论提出了煤体-瓦斯耦合作用的数学模型,并提出了这一数学模型的数值解法,为煤矿瓦斯抽放、瓦斯涌出的工程实际及其应用提供更为符合实际的理论。

刘建军等建立了应力作用下煤层气-水两相流固耦合渗流的数学模型。

章梦涛、梁冰、潘一山等对煤与瓦斯突出及冲击地压统一理论、煤与瓦斯突出的工程分析和控制进行了研究,提出了煤与瓦斯突出及冲击地压统一理论模型、煤与瓦斯突出的固流耦合失稳模式。

李成武、何学秋采用模式识别技术,建立模糊综合预测数学模型,确定了两种突出危险状态之间的临界值。

熊亚选从煤与瓦斯突出的机理出发,考虑煤与瓦斯突出的综合影响因素,利用 Matlab 神经网络工具箱,在 VC++ 中嵌入 Matlab 神经网络模块,建立了能够准确预测煤与瓦斯突出的神经网络预测模型,并制成了相应的预测软件。

魏风清研究了煤层卸压破坏、煤体爆炸破碎、瓦斯煤混合流运移的力学和能量条件,提出了煤与瓦斯突出的物理爆炸模型。

李春辉等鉴于煤与瓦斯突出对煤矿的安全生产的威胁以及其影响因子的复杂性,合理地选择煤与瓦斯突出预测的影响因子,利用非线性的 BP 人工神经网络建立煤与瓦斯突出强度预测模型,预测煤与瓦斯突出强度的大小,为矿井瓦斯突出的预测提供了一种预测精度较高的方法。

罗新荣等结合煤矿井下瓦斯涌出实时监测图,利用神经网络技术判断瓦斯异常情况。选取井下瓦斯涌出峰值、瓦斯上升梯度、瓦斯超限时间和瓦斯下降梯度 4 个参数作为瓦斯延时突出预测的特征指标。瓦斯异常涌出超限 3%,并持续时间超过 10 s 为瓦斯延时突出敏感指标的临界值。提出 VB 结合 ADO 的编程及数据库访问技术,建立人工智能神经网络的瓦斯预警理论模型、瓦斯预警模型的自学习训练方法和瓦斯预警技术。

牛聚粉运用预警基本理论、煤与瓦斯突出预测技术、地理信息系统(GIS)技术以及安全系统工程的分析方法,构建了煤与瓦斯突出预警理论,提出了煤与瓦斯突出预警的逻辑工作过程和基于 GIS 的煤与瓦斯突出预警的标准化实现过程。在进行理论创新的同时,运用 Map X 地理信息系统开发控件,进行了 GIS 的二次开发,构建了煤与瓦斯突出预警系统,实现了对煤与瓦斯突出数据的集成管理和可视化显示,可为煤与瓦斯突出的防治、应急管理提供可靠依据。

柴艳莉针对基于 BP 神经网络的煤与瓦斯突出危险性区域预测模型存在收敛速度慢、极易陷入局部极值等问题,结合了粒子群优化算法极强的全局搜索能力和 BP 算法快速的局部搜索能力,提出了结合粒子群优化算法与 BP 神经网络算法的煤与瓦斯突出危险性区域预测模型。

5.3.1.1 煤与瓦斯突出的物理爆炸模型

煤与瓦斯突出是在短时内从井下采掘工作面的煤层中,以极快的速度向采掘空间喷出大量的膨胀瓦斯、煤、岩石的异常动力现象。煤与瓦斯突出是在地应力作用下煤体破碎大量瓦斯从破碎的煤体异常涌出膨胀做功的过程。煤与瓦斯突出的过程与物理爆炸有许多相似的地方,物理爆炸是物质系统的一种极为迅速的物理的能量释放和转化,它能在极短的时间内,释放出大量能量,并放出大量气体,在周围介质中形成冲击波。把突出看成是物理爆炸的过程,构建煤与瓦斯突出的物理爆炸模型。所建模型如下式:

$$\frac{1 \times 10^3 p_0 V}{n-1}\left[\left(\frac{p}{p_0}\right)^{\frac{n-1}{n}}-1\right] > \frac{Lm[g(k_m \cos\theta \mp \sin\theta)]}{m \times 1.019\ 72 \times 10^{-1}} \tag{5-1}$$

式中　p_0——煤抛出后的环境瓦斯压力,MPa;

　　　p——突出煤层的瓦斯压力,MPa;

　　　V——参与突出的瓦斯体积(在 p_0 状态下),m³/t;

　　　n——绝热指数,$n=1.31$;

　　　m——移动质量,t;

　　　L——抛出煤体重力中心的移动距离,m;

　　　k_m——摩擦系数;

　　　θ——巷道与水平面所成的倾角,(°);

　　　g——重力加速度,m/s²。

蒋承林等根据突出模拟试验,研究了石门揭煤条件下的初始释放瓦斯膨胀能的临界值。研究结果表明,瓦斯膨胀能临界值为 42.98 kJ/t 和 103.8 kJ/t,当瓦斯膨胀能小于 42.98 kJ/t 时,不会发生煤与瓦斯突出;当瓦斯膨胀能大于 103.8 kJ/t 时,会发生大型煤与瓦斯突出;当瓦斯膨胀能介于 42.98~103.8 kJ/t 之间时,属于弱突出类型。

根据煤与瓦斯突出的物理爆炸模型,瓦斯膨胀能临界值应大于小型煤与瓦斯突出的煤体移动功的临界值。根据小型煤与瓦斯突出的强度,结合巷道的一般工程条件,取水平巷道为研究对象,取煤体移动距离 $L=2$ m,摩擦系数 $k_m=0.4$,则煤体移动功等于 76.96 kJ/t,即瓦斯膨胀能临界值为 76.96 kJ/t。当瓦斯膨胀能小于 76.96 kJ/t 时,不会发生煤与瓦斯突出;当瓦斯膨胀能大于 76.96 kJ/t,有可能发生煤与瓦斯突出。

煤与瓦斯突出物理爆炸模型的主要结论:① 煤体卸压是煤与瓦斯发生的激发因素,地应力越大、煤层强度越低,卸压波速度越大,煤层越容易形成大面积快速卸压破坏,有利于瓦斯突出的发生;② 裂缝形成的速度越快,越有利于瓦斯气泡的破裂,形成瓦斯煤混合流;煤的孔隙率增大即煤体强度降低,导致抗拉强度临界值的降低,有利于瓦斯气泡的破裂,有利于突出的发生;③ 瓦斯膨胀能大于煤体移动功是瓦斯煤混合流运移的必要条件,瓦斯膨胀能应大于小型煤与瓦斯突出的煤体移动功,瓦斯膨胀能临界值为 76.96 kJ/t。

5.3.1.2　基于 BP 神经网络的煤与瓦斯突出模型

(1)BP 神经网络

人工神经网络的模型和算法种类很多,其中误差反传训练算法的神经网络是目前应用比较广泛的一种。BP 神经网络是对具有非线性连续函数的多层感知器的误差反向传播算法进行详尽分析,实现了多层网络的设想。BP 神经网络属于多层前馈神经网络,是目前应用最广泛的一种神经网络。网络模型一般由输入层、隐含层和输出层构成,其中隐含层可以有多个。

BP 神经网络的学习过程由信号的正向传播与误差的反向传播两个过程组成。正向传播时,样本从输入层传入,经各隐含层逐层处理后,传向输出层。若输出层的实际输出与期望的输出不符,则转入误差的反向传播阶段。误差的反传是将输出误差以某种形式通过隐含层向输入层逐层反传,并将误差分摊给各层的所有单元,从而获得各层单元的误差信号,并以此作为修正各单元权值的依据。通过正向传播和反向传播的不断迭代,不断调整其权值,最后使信号误差达到可接受的程度或者达到预先设置的学习次数为止。

（2）BP 神经网络结构设计

BP 神经网络结构的设计主要是指隐含层数和隐含层节点的确定。目前,理论分析证明,具有单隐层的感知器可以映射所有连续函数,只有当学习不连续函数时,才需要两个隐含层,通常情况下都采用一个隐含层。确定最佳隐节点常用的方法是试凑法,通过逐渐增加隐节点数,对样本进行训练,确定误差最小时对应的隐节点数。采用以下经验公式确定隐节点数:

$$m = \sqrt{n + l} + a \qquad (5\text{-}2)$$

式中　m——隐含层节点;

　　　n——输入层节点数;

　　　l——输出节点数;

　　　a——1～10 之间的常数。

（3）基于神经网络的煤与瓦斯突出危险性的预测

基于神经网络的煤与瓦斯突出危险性预测及在 Matlab 中的实现,需要经历以下几个步骤:

① 选取用于神经网络预测的输入和输出样本,并将数据分为训练样本和待测样本两部分,同时对数据进行预处理,以保证网络训练过程中输入数据具有同等的重要性。

② 针对实际问题对网络结构进行设计,其中包含输入层、隐含层和输出层节点数的设计,尤其是隐含层层数和节点数的设计。

③ 收敛因子、迭代次数和训练目标的确定。

④ 编写基于神经网络煤与瓦斯突出危险性预测的程序代码,并进行调试,直到程序完整正确。

⑤ 针对相应的实际问题,实现煤与瓦斯突出危险性的仿真和预测。

5.3.2　突出危险性预警模型建立

在具有突出危险的煤层中采掘,真正具有突出危险的区域,在全部采掘工作面中所占的比例很小,约为 5％～10％,大部分的事故发生在突出危险性较小的正常采掘区域。而且,研究资料表明[182]:声发射参数的测定值的分布状态与正态分布函数的图形极其相似。基于此,本节考虑到声发射与微震的关系,结合微震参数的特点,也借助于正态分布函数的特征,对系统监测的微震参数进行合理的描述。

另外,正态分布函数的特点如下:

（1）标准正态分布时区间（-1,1)或正态分布时区间 $(\mu - \sigma, \mu + \sigma)$ 的面积占总面积的 68.27％;

（2）标准正态分布时区间（-1.96,1.96)或正态分布时区间 $(\mu - 1.96\sigma, \mu + 1.96\sigma)$ 的面积占总面积的 95％;

（3）标准正态分布时区间 $(\mu - 2\sigma, \mu + 2\sigma)$ 的面积占总面积的 95.44％;

（4）标准正态分布时区间（-2.58,2.58)或正态分布时区间 $(\mu - 2.58\sigma, \mu + 2.58\sigma)$ 的面积占总面积的 99％;

（5）标准正态分布时区间 $(\mu - 3\sigma, \mu + 3\sigma)$ 的面积占总面积的 99.74%。

在上述建立的突出危险性评价综合指标基础之上，结合微震参数的特点，基于正态分布函数理论，提出的危险性预警模型如下：

$$当 \quad |X_i - \overline{X}| < \alpha \times S \qquad 无突出危险性 \tag{5-3}$$

$$当 \quad |X_i - \overline{X}| > \alpha \times S \qquad 有突出危险性 \tag{5-4}$$

式中　X_i——系统监测到的微震参数瞬时值；

　　　$\overline{X}$——微震参数总体样本均值；

　　　α——随机误差的范围系数，根据正常范围的 2σ 原则，α 值取 2[185]；

　　　S——微震参数总体样本标准差。

5.4　预警模型检验与临界值确定

为了检验上述突出危险性预警模型的可行性，运用实际矿井工作面建立的微震监测系统，采取人工爆破诱发煤与瓦斯突出的方法，对突出过程中的微震监测实时数据进行及时的验证分析。同时，爆破作业也是采掘工作面发生煤与瓦斯突出的主要诱发原因之一，特别是在煤巷的掘进过程中，这种现象尤为普遍。借助于上述检验方法，也可为突出发生时微震预警参数的临界值的选取提供最直观、最符合实际情况的指导。

（1）试验方法

在保证安全生产的条件下，选取合适的掘进煤巷，并分别在适当的掘进工作面与巷帮共做两次人工爆破诱发突出试验，编号分别为 T_a 和 T_b。试验中，爆破采用煤矿安全许用水胶炸药与毫秒延期电雷管配合 FMB-200 型发爆器起爆，每次试验布置两个炮孔，炮孔深度1.5 m，炮孔间距 0.5 m，孔径为 30.5 mm 与水平方向呈 $75°$，每个炮孔内安装 1 筒 0.75 kg 的炸药，试验方案如图 5-1 所示。另外，试验过程中，必须严格执行"一炮四检"等瓦斯管理制度，并采取针对性作业安全措施，严防其他灾害事故的发生。

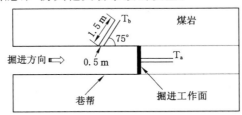

图 5-1　试验方案示意图

（2）预警模型检验

由于 T_a 与 T_b 两次试验过程中的监测数据较少，仅以短时指标为例进行模型的检验分析。所以，为了研究的方便，选取两次试验前后的一周时间作为研究窗口，即按照"三八制"模式，共有 21 个班次。其中，T_a 试验发生在第 7 个班次；T_b 试验发生在第 18 个班次。另外，两次试验都成功诱发了煤与瓦斯突出，达到了检验的目的。

图 5-2 反映了试验时系统监测到的短时指标变化情况，从图中可以看出：正常监测时，事件频度 S_f 约为 15；事件能率 S_e 约为 9.5×10^4 J。而 T_a 与 T_b 两次试验时，事件频度 S_f 分

别达到了 29 和 25;事件能率 S_e 分别达到了 1.82×10^5 J 和 1.65×10^5 J。同时,频度与能率的动态趋势 S_t 也在两次试验时增长很快。可见,上述建立的短时指标能够很好地评价突出危险性的特征,说明该评价指标是可行的。

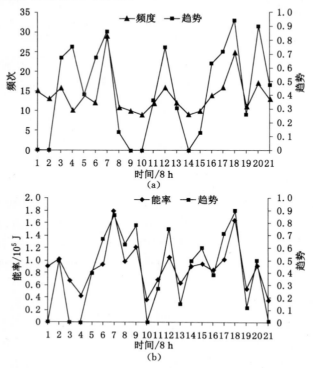

图 5-2　T_a 与 T_b 试验时短时指标变化规律(一周)

(a)频度与趋势曲线;(b)能率与趋势曲线

　　另外,由上图分析可知,试验过程中,事件频度与能率都能较好地说明突出危险性的特征,下面仅选取事件频度来说明危险性预警模型的准确性。图 5-3 描述了试验时短时指标 S_f 预警突出危险性的 2σ 评价情况,从图中可以看出:T_a 与 T_b 两次试验时,$\mu+2\sigma$ 为 24.22,而(第 7 与第 18 班次)的频度分别为 29 和 25,将以上数据分别代入 $|X_i-\overline{X}|<\alpha\times S$ 与 $|X_i-\overline{X}|>\alpha\times S$,即:

$$|X_i|=29>\overline{X}+2S=\mu+2\sigma=24.22 \tag{5-5}$$

$$|X_i|=25>\overline{X}+2S=\mu+2\sigma=24.22 \tag{5-6}$$

　　显然,2σ 预警模型说明了两次试验都有突出危险性,该结果与试验的过程是一致的,而且,在这周的时间段内,其他班次并没有爆破或突出事故的发生,因此,这充分说明了该预警模型评估突出危险性的有效性与准确性。

　　其次,瓦斯浓度曲线也说明了在 T_a 与 T_b 试验时瓦斯浓度较高(如果没有采取针对试验的安全措施,瓦斯浓度将会更高),这也从另一个方面验证了 2σ 预警模型的可行性。而且,从试验中还可以得知:通常瓦斯参数比微震评价指标滞后,所以,这段时间是及时对突出危险性预警并采取防治措施的关键时间。

　　此外,从图中还可以看出:T_a 试验所得到的频度 S_f、能率 S_e 以及瓦斯浓度等指标都比

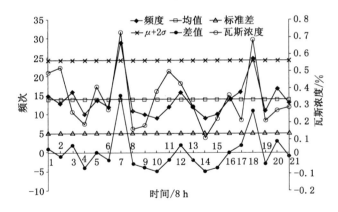

图 5-3　T_a 与 T_b 试验时 S_f 指标预警突出危险性的 2σ 评价(一周)

T_b 试验的大,这就说明试验诱发的煤巷掘进工作面的突出危险性比煤巷巷帮的明显。原因是掘进工作面前方煤体受压缩,积蓄很高的弹性能,地应力和瓦斯压力增高,形成高应力区;而煤巷巷帮由于采动的影响,煤岩得到充分的卸压,弹性能较小,地应力与瓦斯压力也相对较小,形成了低应力区。所以,掘进工作面前方的突出危险性更大,应该是预警的重点关注区域。

(3)预警临界值确定

根据上述试验的分析结果,由于短时指标的灵敏度较好,所以可将 T_a 试验中所得到的短时评价指标的事件频度 $S_f = 29$ 与事件能率 $S_e = 1.82 \times 10^5$ J 作为后续监测预警的临界值。但由于以上检验试验样本较少,上述确定的预警临界值可供参考,还需要在以后的类似试验与监测过程中不断补充和完善,以使以上所确定的临界值更能符合实际监测预警的要求。

5.5　本章小结

本章对高瓦斯矿井进行了煤与瓦斯突出危险性的分析、评价及预警方面的研究,主要内容为:结合微震参数的特点,考虑到评价指标的时间效应,建立了突出危险性长短时评价指标,基于正态分布函数理论,建立了描述突出危险性的 2σ 预警模型,并采取人工爆破诱发煤与瓦斯突出的方法,验证了上述预警模型的可行性,确定了危险性预警临界值。

6 掘进巷道煤与瓦斯突出
危险性评价与预警

6.1 概 述

开采实践表明,煤巷掘进工作面是瓦斯突出的多发区,截至 2008 年年底,我国累计发生的近 2 万次突出中,煤巷掘进突出约占总突出次数的 80%,平均突出强度 67 t/次[183]。频繁的掘进巷道突出不仅威胁职工生命安全,而且直接导致煤巷掘进成本高、速度低,严重制约着矿井的采掘交替与安全生产。随着矿井开采深度的增加,特别是掘进工作面瓦斯突出危险性越来越严重,松动爆破、超前排放钻孔、边掘边抽与排放钻孔相结合等防突措施,逐渐暴露出适用范围局限、措施重复率高、占用时间较多。因此,研究掘进巷道瓦斯灾害的灾变机制,揭示突出危险性变化规律,建立突出危险性的 2σ 评价与预警方法,具有重要理论与实际意义。

淮南矿区位于安徽省中部,煤田位于华北板块与扬子板块结合处,南邻秦岭—大别山构造带,煤炭资源丰富,国家批准开发煤炭 285 亿 t。淮南矿区是一个有百年历史的老矿区,是我国高瓦斯、高地应力、煤层群、开采条件特别复杂的典型矿区。淮南煤矿还是全国煤层赋存和地质构造复杂、瓦斯治理任务最重、开采难度最大的矿区之一,这里曾是全国瓦斯爆炸事故的重灾区,1980 年至 1997 年间,发生瓦斯煤尘爆炸事故 12 起,死亡 392 人,是我国瓦斯含量最高矿区之一。现有 15 对矿井,全部为煤与瓦斯突出矿井,瓦斯治理任务极其繁重。

新庄孜矿井位于淮南煤田西部,八公山东麓,井田横跨淮河南、北两岸,地貌属山前斜坡和冲积平原,矿井交通便利。西北与孔李公司井田接界,东南与谢一矿毗邻。走向长 5.6 km,倾斜宽 3.75 km,开采面积 20.23 km²。矿井投产于 1947 年 8 月,经过多次技术改造,2005 年核定生产能力 300 万 t,矿井现有可采储量 14 581.8 万 t,服务年限 26 a。而且,该矿是一个具有 60 多年开采历史的老矿井,是淮南矿区瓦斯地质条件极其复杂,最具有突出危险性的矿井之一,瓦斯绝对涌出量居国内第二位,瓦斯突出危险性威胁很大。

目前,对掘进工作面危险性分析方面的研究,工程实例较多,理论或模拟试验较少,特别是实时动态的监测预警更少。针对研究存在的问题,在前面几章研究内容的基础之上,综合前人关于突出危险性的研究成果,本章将采取理论分析、数值模拟以及微震现场监测试验等方法,结合淮南矿区新庄孜矿六水平典型强突出工作面的开采条件,着重对掘进工作面突出危险性进行评价与预警等方面的分析研究,旨在能够为瓦斯灾害事故的监测与防治工作提供切实可行的指导。

6.2　掘进巷道突出危险性评价与预警

　　煤巷掘进过程中,周围应力重新分布,致使巷道两侧出现应力集中区,两肩角水平剪切应力发育,且两肩角应力集中范围大于底角;巷道两帮出现较大范围塑性区,底板附近出现拉伸应力区,其余为已经屈服的塑性区域[184]。而掘进工作面煤壁前方分别形成卸压区、应力集中区和原岩应力区,如图 6-1 所示。

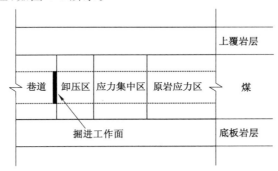

图 6-1　掘进巷道周围动压效应示意图

　　通常,在卸压区和应力集中区之间形成支承压力平衡区,处于强度破坏后的状态,其卸压区内瓦斯压力也相应地减小。掘进工作面煤壁煤体在垂直应力作用下,顶板通过剪力和弯矩将顶板载荷转向煤壁深部。如果地应力小于煤的长时强度,外力所做的功主要以弹性潜能形式贮存于煤体中;但如果地应力大于煤的长时强度,外载荷对该煤体所做的功主要转化为新产生滑移面的表面功和摩擦功,摩擦产生热量使煤体温度上升,促进吸附瓦斯解吸,导致在应力集中区和卸压区之间形成较大的应力梯度,弹性能汇聚加快,而塑性流变时间短,自身耗散能量减少,煤体从较大的裂隙的尖端开始扩展出现层裂破坏,在地应力与瓦斯压力共同作用下,在一定程度上增加了瓦斯动力灾害的危险性。在进入原岩应力区后,由于外荷载对煤岩的影响较小,煤岩体较为完整,地应力小于煤的长时强度,外力所做的功主要以弹性潜能形式贮存于煤体中,以至于综合作用力产生的能力总是被煤岩消耗掉,所以,通常原始应力区不会出现突出危险性。

6.3　工程实例分析

6.3.1　掘进巷道突出危险性预警案例分析

（1）地质赋存及开采条件

　　新庄孜矿六水平 C13 和 C14 煤层地质构造较复杂,地下水以顶板砂岩水、构造裂隙水等为主;岩性以粉砂质泥岩、中细粒砂岩、粉砂岩、含碳泥岩等为主。C13 煤层节理发育,夹不稳定煤线,且裂隙较发育,易碎,断层较多。直接顶为粉砂质泥岩;基本顶为灰白色中厚层状中粗粒石英砂岩;直接底为砂质泥岩。煤层厚度为 2.1～12.0 m,平均 6.16 m,为全区可采煤层,沿倾向由浅至深煤层有变厚趋势。煤层结构简单,局部地点有一层夹矸,夹矸岩性为泥岩。其中 62113 工作面走向长约 860 m;上限标高−590 m,下限标高−665 m,平均倾向长约 120 m;而 C14 煤层水平层理参差状断口,裂隙较发育,易碎成块状、片状,灰分高,赋存状态不稳定,属于突出煤层。煤层厚为 0.4~1.3 m,平均 0.8 m。直接顶为灰白色细砂岩,较硬,局部夹煤线;基本顶为浅灰色薄及中厚层状中细砂岩,裂隙较发育,坚硬;直接底为深灰色薄层状砂质泥岩;基本底为灰色中厚层状中细粒砂岩,较硬,裂隙较发育。直接顶上覆 C15 煤,厚约 0~0.8 m,不稳定,法距为 2.0~3.0 m;基本底下伏 C13 煤,法距为 9~14 m。其中 62114 工作面走向长 900 m;上限标高－569 m,下限标高－650 m,采高 1.5 m,平均倾向长约 145 m。另外,C15 和 C13 槽煤层为强突出煤层,首采保护层 C14 槽保护 C15 和 C13,该监测区域开采条件如图 6-2 所示。

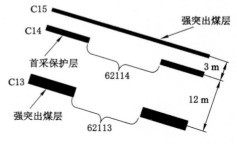

图 6-2 监测区域开采条件

(2)监测方案设计

按照传感器布置原则,在充分考虑监测区域的回采方案、开采规划及安装难易程度后,分别在 62113 与 62114 工作面布置 3 个和 2 个采集仪,5 个采集仪共与 30 个单轴传感器相连,采集仪之间串联后,将信号传递到地面,如图 6-3 所示。

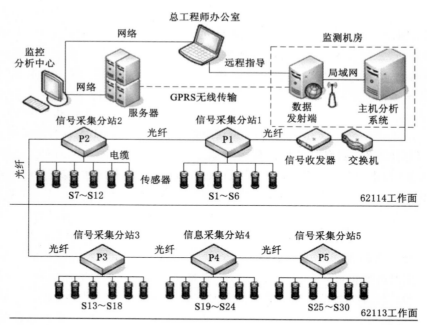

图 6-3 微震监测系统网络拓扑图

系统运行时,传感器接收到的信号通过双绞线传递给采集仪,5 个采集仪通过串联方式连接,而每个采集仪与 6 个单轴传感器相连接。之后,经过数模及光模转换,信号以光信号的形式传递到主机分析系统。最后,信号通过计算分析,转换成各个格式的数据库并保存在分析计算机内,可供主机系统操作并处理数据,然后,通过网络交换机的信息交换,可供客户主机工程师使用,亦可通过与主机终端相连的 GPRS 发射端把数据库发送到远方的监控分析中心,以便监控人员实时了解系统的运行状况并进行科学分析,或通过专家系统的支持,把信息反馈给监控中心或现场技术人员。

另外,传感器大部分被布置在掘进工作面后方巷道内,为了形成良好的监测阵列,部分被布置在工作面底板巷内。传感器间距约为 $50\sim80$ m,局部加密为 20 m。其中,该监测方案的传感器三维坐标,如表 6-1 所列。

表 6-1 传感器三维坐标

布置地点	数据采集分站	传感器编号	x/m	y/m	z/m
62114 工作面	P1	1#	3 600.10	7 912.60	−575.10
		2#	3 643.70	7 888.00	−557.20
		3#	3 691.80	7 859.00	−576.80
		4#	3 738.50	7 833.10	−574.60
		5#	3 780.40	7 787.40	−577.90
		6#	3 837.70	7 724.10	−572.30
	P2	7#	3 857.70	7 685.50	−649.60
		8#	3 883.80	7 636.00	−644.70
		9#	3 842.60	7 767.60	−647.10
		10#	3 881.40	7 740.60	−649.20
		11#	3 926.10	7 709.30	−646.90
		12#	3 979.30	7 672.30	−645.30
62113 工作面	P3	13#	4 028.60	7 637.50	−658.30
		14#	4 115.80	7 576.50	−658.70
		15#	4 150.10	7 552.80	−658.30
		16#	4 170.60	7 538.70	−658.10
		17#	4 242.90	7 488.30	−657.40
		18#	4 043.20	7 549.70	−637.30
	P4	19#	4 092.70	7 630.30	−580.40
		20#	4 334.00	7 558.30	−583.90
		21#	4 262.00	7 605.00	−583.90
		22#	4 226.80	7 627.30	−584.40
		23#	4 109.20	7 704.10	−581.30
		24#	4 047.50	7 747.70	−584.90
	P5	25#	3 979.00	7 795.20	−655.10
		26#	3 932.90	7 827.70	−657.90
		27#	3 890.50	7 857.50	−653.40
		28#	3 854.10	7 883.10	−656.30
		29#	3 814.70	7 910.90	−654.70
		30#	3 752.70	7 954.20	−651.20

（3）监测结果与分析

建立上述微震监测系统的目的，一方面是用于 62113 工作面掘进煤巷突出危险性的预警，另一方面也为 62114 工作面覆岩采动裂隙演化特征的分析与瓦斯富集区的确定提供指导，下面将主要分析 62113 工作面掘进煤巷突出危险性的微震预警情况。工作面的风巷与平巷自切眼位置向工作面回采方向掘进，开采条件如图 6-4 所示。

图 6-4　62113 工作面开采条件示意图

在煤巷掘进过程中，由于采掘扰动的影响，煤岩内部将会产生微破裂并逐渐形成采动裂隙场，而在瓦斯压力的驱动下，煤与瓦斯则会向开挖临空面运移。当煤岩中的裂隙通道不能与开挖临空面贯通时，解吸的瓦斯就可能在微破裂带中聚集，但一旦与巷道临空面贯通时，就极有可能发生最终形成煤与瓦斯突出事故。因此，研究采动煤岩体内前兆微破裂的萌发、积聚及生成宏观裂隙带的演化规律是至关重要的。

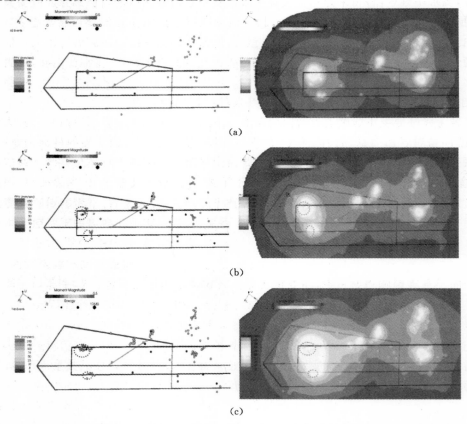

图 6-5　62113 风巷 2009 年 4 月 8 日～15 日微震事件分布规律及其密度等值云图
(a) 2009 年 4 月 8 日～4 月 12 日；(b) 2009 年 4 月 13 日～4 月 17 日；(c) 2009 年 4 月 18 日～4 月 23 日

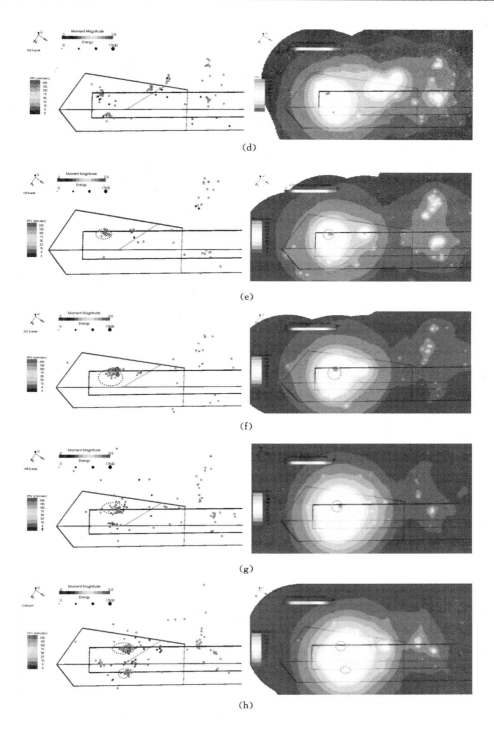

续图 6-5　62113 风巷 2009 年 4 月 8 日～15 日微震事件分布规律及其密度等值云图
(d) 2009 年 4 月 24 日～4 月 28 日；(e) 2009 年 4 月 29 日～5 月 2 日；(f) 2009 年 5 月 3 日～5 月 5 日；
(g) 2009 年 5 月 6 日～5 月 9 日；(h) 2009 年 5 月 10 日～5 月 15 日

图 6-5 是风巷掘进期间(2009 年 4 月 8 日～2009 年 5 月 15 日)煤岩的微震事件分布规律及其密度等值云图。微震事件图中,事件形状大小表示事件的能量大小,事件形状越大,表明能量越大,颜色的变化表示矩震级的大小,颜色由浅向深色转变,表明矩震级就越大;而等值密云图中,等值线形状与颜色变化代表微震事件密度的分布情况,颜色由浅向深色过渡时,表明事件密度越大。

可以看出,自 2009 年 4 月 8 日以来,风巷与平巷发生了不同程度上的破坏,形成了微破裂前兆。原因是在采掘扰动下,煤体支承的上覆岩层自重应力向周围煤体转移,形成远大于煤体单向抗压强度的支承应力。而在剪切应力作用下,使周围煤体受到破坏,发生流变,形成靠近掘进工作面处一定长度的卸压带,致使煤岩内产生了应力集中区,发生了不同程度的微破裂区,并且不断地向掘进方向及巷道深度方向迁移扩展。

从图中圈定的微震事件定位数据来看,有时风巷破坏严重;有时平巷严重,但总体上风巷破坏较为严重。特别是在 2009 年 5 月 3～5 日期间,微震事件较多,频度与能量都较大,突出危险性的可能也较大,需要加强监控的力度,并跟踪其发展。

经过现场考察发现,上述 2009 年 5 月 3～5 日期间,风巷正掘进到离切眼约 140 m 的位置。2009 年 5 月 5 日 21 时 13 分,在巷帮施工超前预排瓦斯钻孔时,出现了顶钻的动力现象,而且巷帮左上方下沉量较大,并伴有掉渣现象,可以初步判定为突出的前兆显现。从微震事件的分布规律来看,系统在 1～2 天前就监测到了该位置的异常变化,经过事件定位发展趋势、模型评价及临界值对比后,及时发布了预警信息。而现场采取卸压、增强支护及加大通风等防治措施后,积聚的能量得到了释放,此位置没有发生瓦斯突出现象,巷道掘进正常通过。之后,事件逐渐较少,能量迅速降低,直到 2009 年 5 月 15 日,没有再发生动力现象。

为了验证此次动力现象,利用上一节建立的 2σ 预警模型对其危险性进行评价。由于巷道掘进期间的监测数据较多,选取以长时指标 L_f 为例,以便能得到更加准确的预警结果。从图 5-8 可以得到:在 2009 年 4 月 8 日～5 月 15 日期间,系统共监测了 30 d,每天的事件频次可从数据库中得到,通过计算其均值与标准差即可得到 $\mu + 2\sigma$ 为 79.15,而 2009 年 5 月 5 日的频次为 101。之后,将上述数据带入 $|X_i - \overline{X}| < \alpha \times S$ 与 $|X_i - \overline{X}| > \alpha \times S$,即:$|X_i| = 101 > \mu + 2\sigma = 79.15$。不难看出,该次动力现象具有突出危险性,预警评价结果如图 6-6 所示。

另外,该动力现象发生时作业班次的事件频度为:$35 > S_f = 29$(临界值),这又一次说明该次动力现象有突出危险性。因此,运用微震技术,可实时动态跟踪监测煤岩微破裂信息的变化特征,推演瓦斯突出事故前兆活动的"时空强"特性,并掌握预警突出危险性的最佳时机。之外,事件评价指标及 2σ 预警模型能够反映出突出危险性的变化趋势,为预警瓦斯动力灾害事故并及时采取解危措施提供了有效的指导。

6.3.2 掘进巷道突出危险性预警效果验证

为了验证上述预警结果的正确性,分别采取数值模拟方法与突出危险性预测敏感性指标(钻屑量指标 S 和钻屑解吸指标 K_1)进行了校检,二者验证结果表明,上述危险性评价结果是准确的,同时也说明了 2σ 预警模型是切实可行的。下面着重介绍一下上述方法的验证过程。

针对此次动力活动现象的发生过程,在现场实际发生地点地质条件获取的基础上,建立

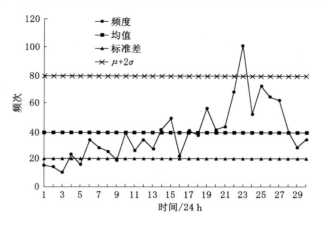

图 6-6　风巷异常位置突出危险性 L_f 指标预警的 2σ 评价结果

了该位置断面的（A—A）简化模型。计算模型尺寸 20 m×20 m，巷道直径为 4 m，并由三部分组成：上下层为坚硬顶底板，中间层为含瓦斯压力的软煤层，并假定顶底板岩石内不含有瓦斯压力。简化后的计算模型如图 6-7 所示。

图 6-7　数值计算模型

（a）实际 A—A 断面；（b）简化模型

模型两端水平约束，上部加载模拟覆岩自重，底部固定，并设为不透边界，煤层瓦斯压力为 2 MPa，并在巷道左上方设置小节理，以便模拟实际存在的小构造，计算参数如表 6-2 所列。

表 6-2　　　　　　　　　　　　　　　模型力学参数

力学参数	煤	顶底板
均质度 m	4	10
弹性模量均值 E_0/GPa	6	60
抗压强度均值 σ_0/MPa	100	320
泊松比 μ	0.31	0.24
透气系数 λ/[m²/（MPa²·d）]	0.1	0.01
瓦斯含量系数	2	0.01
孔隙压力系数 α	0.5	0.01

图 6-8 给出了数值模拟得到的巷道左上方煤体破裂的全过程。由图中可以看出，模拟结果很好地再现了巷道煤体破裂诱发动力活动的演化过程。巷道掘进时，其左上方逐

渐发生了微破坏,如图 6-8 中 Step1-(14~19)所示。随着构造地应力不断增大,储存的能量急剧膨胀,煤体不断被破坏;之后,瓦斯压力得到解吸、涌出,并形成瓦斯流。此时,综合作用力破坏了煤体的极限平衡状态,导致破坏面后方的煤体被连续剥离,暴露出新鲜面,并高速破碎,从而诱发了动力活动现象。可以看出,在外界采掘力等触发条件下,煤岩所储存的弹性应变能往往是渐进形式破裂,而在瓦斯压力达到一定的梯度时,往往具有突发破坏的特征。

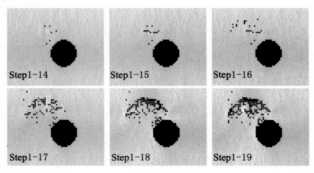

图 6-8　巷道煤体破裂诱发动力活动的演化过程

另外,此次动力现象影响范围比较小,并没有发生煤与瓦斯突出现象,如图 6-8 中 Step1-19 所示,破坏体裂隙通道没有与巷道临空面完全贯通。原因是超前卸压抽排钻孔破坏了地应力集中区,大部分能量被消耗于逐渐变形及平缓的变形阶段,得到了很好的释放,而且瓦斯得到了充分的放散,降低瓦斯压力和地应力,阻碍了前方煤体的突出,使集中应力带向煤体深部转移,形成了一定距离的安全防护带,从而降低了此次动力现象的活动强度。

以上模拟结果揭示了此次动力现象巷道左上方煤体破裂的演化过程,与 2σ 预警的结果较为吻合,从而也验证了预警结果的正确性。

一般来说,单位孔长的钻屑量 S 愈大,则发生突出的危险性愈大[185]。而 K_1 值的物理意义为煤样自煤体脱落暴露在大气后第 1 min 内,每克煤的瓦斯解吸量。通常,K_1 值愈大,表征煤的瓦斯含量大,破坏类型高,瓦斯解吸速度快,则愈容易发生煤与瓦斯突出[186]。以上指标常被用来作为煤与瓦斯突出预测的敏感性指标,其变化规律在一定程度上能够说明突出的特点。

选取 2009 年 4 月 8 日~5 月 15 日的 62113 风巷掘进期间的最大钻屑量与钻屑解析指标记录数据,其变化规律曲线如图 5-12 所示。从图中可以看出,2009 年 5 月 5 日(第 23 天)钻屑量 $S=3.8<6$ kg/m(临界值),而钻屑解析指标 $K_1=0.31<0.4$ ml/(g·min)$^{1/2}$(临界值),这说明了该区域没有煤与瓦斯突出危险性,发生突出事故的可能性较小,但是,此时的 S 与 K_1 值仍然较大,也有发生突出危险的可能性,经过预警并采取消突措施之后,危险性降低,巷道掘进作业工程安全通过,这也从侧面说明了该位置只产生了动力活动现象,而没有发生较大规模突出事故的事实。因此,S 与 K_1 值敏感性指标也验证了该区域发生动力现象的可能性,从而说明了 2σ 预警结果的准确性。

另外,掘进巷道常采用超前抽采孔作为煤巷掘进工作面的消突措施,并通过增加孔数和孔深来提高防突效果。从而提高了煤体的透气性,方便了抽放瓦斯,切断了巷道两侧煤体瓦斯涌出的通道,对在掘进过程中涌出的瓦斯进行拦截抽放,并在巷帮形成可防止两帮煤体煤

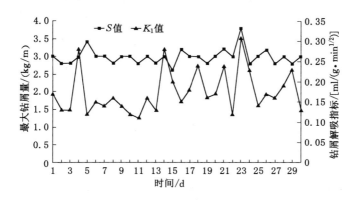

图 6-9 风巷最大钻屑量 S 与钻屑解吸指标 K_1 变化曲线

与瓦斯突出动力的卸压保护带。但是,该方法抽采孔措施打钻时间长,费工费时,瓦斯超限仍然不断,且造成掘进速度缓慢。而微震数据实现了煤岩破裂三维定位,可确定出巷道煤岩松动区及前方煤岩体的破裂位置与程度,为抽采钻孔布置方案的优化选取提供了最为动态的指导。

62113 工作面风巷与平巷掘进期间,建立的微震系统地对巷道煤岩的破坏情况进行了及时的监控与定位圈定,有效地优化了抽采钻孔的终孔位置。优化后的抽采钻孔方案使得在钻孔预抽采的基础上进一步降低了掘进范围内的煤层瓦斯含量,减小了巷道瓦斯涌出量,提高了瓦斯抽采率,防止了突出的可能性,且提高了巷道掘进速度,从而缓解了矿井正常采掘接替紧张的情况。

图 6-10 是抽采钻孔方案优化前后煤巷日/月进尺情况,可以看出,2009 年 4 月 8 日~5月 15 日 62113 工作面钻孔优化后平巷的月进尺为 103.7 m,超过了风巷的月进尺 97.8 m,都远远超过了类似条件下煤巷掘进的平均进尺,约 80 m。因此,通过微震定位对巷道破裂位置的圈定与破坏程度的评估,优化了抽排钻孔方案,在一定程度上实现了煤巷的快速掘进,降低了突出危险性。

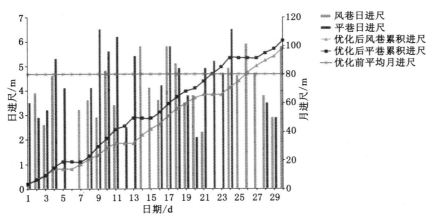

图 6-10 钻孔优化前后煤巷进尺对比曲线

6.4　本章小结

　　本章详细分析了掘进巷道的突出灾变机制，结合 62113 工作面煤巷掘进的实例分析，揭示了突出过程与采动煤岩破裂规律之间的演化关系，深入研究了 2σ 预警模型评价掘进巷道突出危险性的过程，并采取数值模拟与突出危险性预测敏感性指标（钻屑量指标 S 和钻屑解吸指标 K_1）的方法对预警结果进行了校检，证明了 2σ 预警模型的准确性。

7　含断层掘进巷道煤与瓦斯突出危险性评价与预警

7.1　概　　述

通常,煤与瓦斯突出事故多发生在地质构造带内,如断层、褶曲和火成岩侵入区附近,已经被大量的理论与工程实践研究所证实。所以,断层等构造带附近应该是防治煤与瓦斯突出的重点。本章将从理论分析出发,结合实际采掘工程特点,重点研究断层滑移失稳力学机制及准则、断层带活动规律与突出之间的关系以及含断层采掘工程突出危险性的评价与预警,并对其预警结果进行了校验。

7.2　含断层掘进巷道突出危险性评价与预警

7.2.1　断层滑移失稳力学机制及准则

一般来说,当采掘工程接近断层时,顶板煤岩便与前方断层面发生断裂。根据掘进工作面采掘方向与断层倾向之间的关系,可将断层的赋存状态简化为两种力学模型,即:断层倾向已采掘方向Ⅰ型与断层倾向采掘方向Ⅱ型,如图7-1所示。

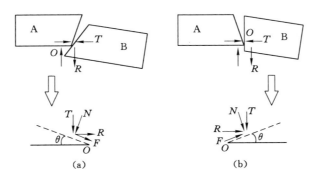

图 7-1　断层结构力学模型

（a）简化模型Ⅰ型；（b）简化模型Ⅱ型

利用力学原理,不难计算出图中模型的力的关系与平衡条件,推导过程如下:

（1）Ⅰ型（掘进工作面由断层下盘向断层方向推进）

此时,断层正应力为:$N = T\cos\theta - R\sin\theta$,而断层剪应力为:$F = R\cos\theta + T\sin\theta$,所以,相互间力的关系及平衡条件为:

$$\begin{cases} (T\cos\theta - R\sin\theta)\tan\varphi \geqslant R\cos\theta + T\sin\theta \\ T\sin(\varphi - \theta) \geqslant R\cos(\varphi - \theta) \\ \dfrac{R}{T} \leqslant \tan(\varphi - \theta) \end{cases} \tag{7-1}$$

（2）Ⅱ型（掘进工作面由断层上盘向断层方向推进）

此时，断层正应力为：$N = T\cos\theta + R\sin\theta$，而断层剪应力为：$F = R\cos\theta - T\sin\theta$，所以，相互间力的关系及平衡条件为：

$$\frac{R}{T} \leqslant \tan(\varphi + \theta) \tag{7-2}$$

式中　T——水平推力；

　　　R——剪切力；

　　　φ——岩块间摩擦角；

　　　θ——断裂面与垂直面之间的断裂角。

通常，采掘工程会对煤岩层的连续性产生影响，必然引起煤岩向采动临空面运动。随着采掘的不断深入，采掘工作面离断层距离减小，煤体对顶板岩体的支撑力也减小，以至于岩块 B 的剪切力 R 增大。当不考虑水平推力 T 的变化时，对于Ⅰ型来说，断层正应力减小，剪应力增加，断层附近顶板岩体容易发生滑移破坏，也易造成动力灾害在此位置的发生；而对于Ⅱ型来说，断层正应力增加，顶板岩体则易于形成传递式或砌体梁式平衡结构[187-188]。

针对上述现象，设断层围岩系统处于平衡状态，其远场位移为 α，断层变形错动位移为 μ。此时，远场位移产生扰动 $\Delta\alpha$，则引起断层错动增量为 $\Delta\mu$。如果对于任意给定的 $\varepsilon > 0$，则有 $\delta > 0$ 存在，使得当扰动位移 $\Delta\alpha$ 和响应位移 $\Delta\mu$ 满足条件 $|\Delta\alpha| \leqslant \delta$，$|\Delta\mu| \leqslant \varepsilon$。此时，断层围岩系统处于稳定状态。但如果系统在某一状态下，无论远场微小扰动位移多么小，都会引起断层错动的无限增长，断层系统处于非稳定状态[189]，即：

$$\frac{\Delta\mu}{\Delta\alpha} \rightarrow \infty \tag{7-3}$$

7.2.2　断层带活动规律与突出之间的关系

当掘进工作面靠近断层附近时，煤岩体内部应力场的初始平衡状态受到破坏，当断层面上力的作用超过其临界失稳条件，断层面将具有微距离错位滑移的可能。由于断层上、下两盘接触面受力不同，每一断面的滑移结果将有所差异，微距滑移将从最先达到失稳临界条件的断面开始[190]。而且，受断层不断活动的影响，将形成一个裂隙比较发育的煤岩体破裂松动区。

当进行采掘工作，前方出现断层等地质构造时，将会对煤层的连续性产生影响，阻碍了瓦斯流动的通道，从而使得瓦斯压力升高，发生突出。一般来说，在采掘活动穿过断层时，也是瓦斯突出的危险区域。此时，当断层的落差较小时，通道的形态对突出的影响是主要的[191]。另外，断层面瓦斯压力分布具有较强的规律性，断层带附近，瓦斯压力与涌出量一般比较小，随着距断层距离的增加，其瓦斯与瓦斯涌出量将会增加并存在较高的峰值，而在一定的距离后又变为正常值。可见，在距断层一定的范围内，瓦斯压力存在低值区、高值区和正常区，如图 7-2 所示。

断层带附近，构造应力产生集中，致使采掘工作面临近时，较软煤体中的应力呈现不均匀分布，使致密的围岩挤压变形、破碎，压力增大，强迫一部分吸附瓦斯转变为游离瓦斯，增

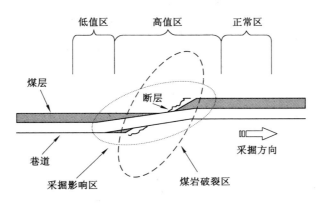

图 7-2　采掘影响下断层活动与瓦斯突出之间的关系

加了游离瓦斯的含量,且瓦斯对围岩压力也随之增大,使该围岩内的动能与分子势能增大[192-193]。

不难看出,基于瓦斯断层带中瓦斯的分布特征与突出机理,搞清楚了瓦斯的突出主要是由于断层带附近地应力的集中和煤岩层中的瓦斯含量过高所致,故防止瓦斯突出的关键是要释放采掘区的地应力和煤岩层中的瓦斯,或采掘工作尽可能地避开地应力集中区、裂隙区及瓦斯集中区。

7.3　工程实例分析

7.3.1　含断层掘进巷道突出危险性预警案例分析

（1）地质赋存及开采条件

新庄孜矿 B10 煤层属暗淡型,参差状断口,中上部发育有 1～3 层泥岩夹矸,灰分高,易碎成片状和块状,厚 0.6～1.9 m,平均 1.0 m。直接顶为灰色薄层状粉砂质泥岩,易碎,厚2.0～3.0 m;基本顶为灰色中厚层状中粒砂岩,较硬,厚 3.0～5.0 m,底部发育 1 层 0.2～0.5 m 厚的不稳定煤线;直接底为深灰色细砂岩,易碎,厚 1.0～3.5/2.5 m。

62110 工作面位于六二采区一阶段,南起五二石门以南 126 m,北至 F_{10}-8(8)断层。该面走向长 780 m,倾斜长 120～160 m,风巷标高为 -600 m 左右,平巷标高为 -662 m,煤层倾角约为 25°。该面属于突出煤层,对应上覆 B11b 煤层和下伏 B8 煤层(等标高段)均未回采。该面靠近 F_{10}-8(8)断层及 F_{10}-8(11)断层,小构造发育,煤岩层产状变化大,地应力相对集中,围岩易碎。根据掘进施工情况分析,回采中将受地层断距为 0.5～5.0 m 的断层 14 条影响。其中地层断距大于 3.0 m 的断层有 3 条。其中,风巷与切眼已掘完,底板巷约有 100 m 未掘,平巷约有 500 m 未掘,如图 7-3 所示。

（2）监测方案设计

为了及时对 62110 工作面底板巷未掘区域进行超前监测,并重点掩护平巷的掘进及工作面的回采,预先把传感器布设在其底板巷,实现了对平巷掘进的前方不良含瓦斯地质体与工作面突出危险性的超前预警。与 62113 与 62114 工作面传感器布置原则类似,结合 62110 工作面具体情况,确定安装 2 个数据采集仪,共 12 个传感器,其网络拓扑图如图 7-4 所示。

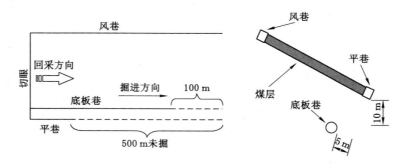

图 7-3　62110 工作面监测区域开采条件

（a）走向方向；（b）倾向方向

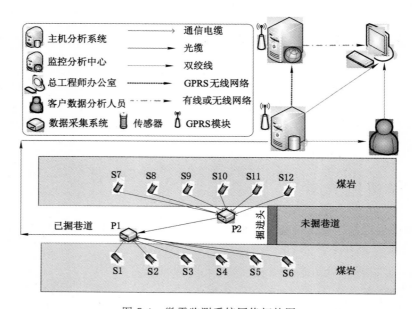

图 7-4　微震监测系统网络拓扑图

另外，传感器都被布置在掘进工作面后方巷道内，传感器间距约为 30 m，局部加密为 10 m。其中，该监测方案的传感器三维坐标，如表 7-1 所列。

表 7-1 　　　　　　　　　　　　　　　　　传感器三维坐标

布置地点	数据采集分站	传感器编号	x/m	y/m	z/m
62110 工作面	P1	1#	4 216.3	7 323.3	−683.6
		2#	4 261.5	7 294.6	−683.7
		3#	4 307.3	7 265.9	−685.2
		4#	4 349.9	7 239.2	−686.8
		5#	4 394.5	7 212.1	−686.4
		6#	4 440.4	7 182.5	−685.5

布置地点	数据采集分站	传感器编号	x/m	y/m	z/m
62110 工作面	P2	7#	4 212.6	7 324.5	−683.9
		8#	4 257.1	7 295.3	−683.1
		9#	4 303.7	7 266.4	−684.8
		10#	4 345.2	7 240.6	−686.1
		11#	4 390.8	7 214.2	−687.7
		12#	4 437.5	7 184.1	−686.6

（3）监测结果与分析

图 7-5 是 62110 工作面底板巷与平巷掘进期间（2010 年 4 月 24 日～5 月 31 日）煤岩的微震事件分布规律及其密度等值云图。从图中不难看出，自 2010 年 4 月 24 日以来，当巷道掘进到临近断层时，断层不断地发生"活化"，而微震结果很好地反映了断层活化的整个过程。

从图 7-5 可以看出，采掘活动对断层的活动影响较大，断层上下盘之间产生了明显的错动和位移，以致断层面微破裂不断积聚。从 2010 年 4 月 24 日开始，B、C 区域逐渐监测到了微震事件，表明这两个区域微震活动性现象开始显现，但总体上事件较少，原因是系统还处

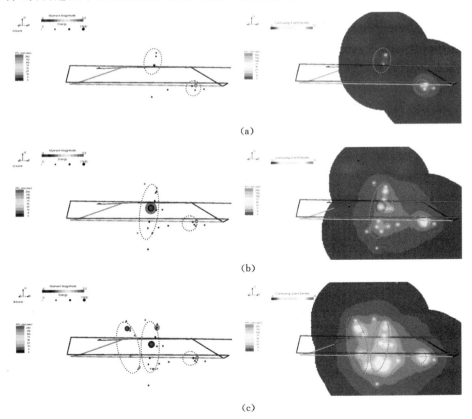

(a)

(b)

(c)

图 7-5　62110 工作面 2010 年 4 月 24 日～5 月 31 日微震事件分布规律及其密度等值云图
(a) 2010 年 4 月 24 日～4 月 30 日；(b) 2010 年 4 月 24 日～5 月 10 日；(c) 2010 年 4 月 24～5 月 12 日

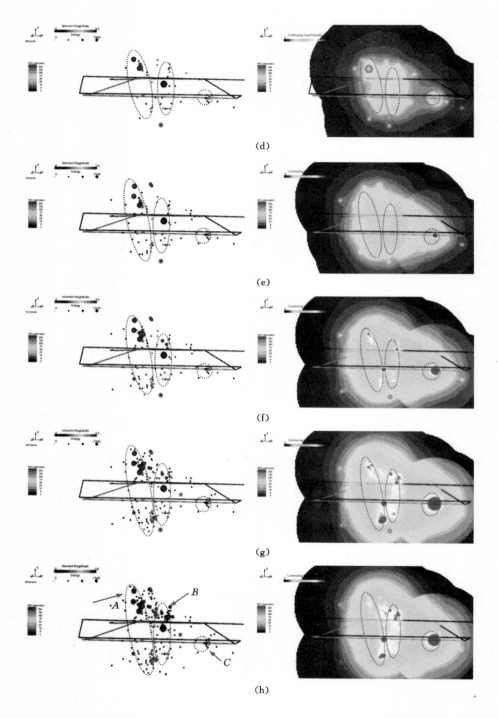

续图 7-5　62110 工作面 2010 年 4 月 24 日～5 月 31 日微震事件分布规律及其密度等值云图
(d) 2010 年 4 月 24 日～5 月 16 日；(e) 2010 年 4 月 24 日～5 月 20 日；(f) 2010 年 4 月 24～5 月 24 日；
(g) 2010 年 4 月 24 日～5 月 28 日；(h) 2010 年 4 月 24 日～5 月 31 日

于调试期,滤除噪声的检测阈值设置过高所致,而且 5 月 2～10 日期间,平巷掘进工作面停头,也对这两个区域的微震活动造成了较大的影响,如图 7-5(a)、(b)所示;5 月 10 日后,A、B、C 三个区域都开始出现微震事件,并不断积聚,表明此时微震活动十分明显,如图 7-5(c)、(d)、(e)所示;尤其是到了 5 月 24 日时,A、B 断层区域的微破裂现象尤为明显,震源主要沿断层分布,并在其顶板断层上盘部位与底板断层下盘部位产生了非常明显的积聚态势,形成了微震活动的剧烈期,尤其是 A、B 两处断层的顶板断层上盘部位微震活动性更加明显,高能量级别的事件较多,说明该区域破坏更为严重,如图 7-5(f)、(g)、(h)所示;但在 5 月 31 日之后,直至 6 月 6 日,微震事件数慢慢减少,形成微震活动的缓和期,但较 2 月 10 日以前,微震事件数仍然很多,要时刻关注事件数的整体变化趋势,及时预报并采取科学合理的安全措施,以消除影响正常掘进的危险源。

而且,上述微震活动中的能量释放及其变化规律也很好地解释了断层"活化"的整个过程。在巷道掘进工作面离断层不同距离时,断层附近煤岩也经历了能量的一般释放、剧烈释放以及缓慢释放的过程。特别是当掘进工作面接近断层时,能量释放最为明显,能量释放不是一次性释放完毕,而是一个积聚—释放—再积聚—再释放反复循环的过程,直至能量释放到最低,并维持在较低水平,如图 7-6 所示。

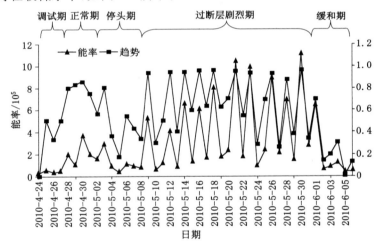

图 7-6　平巷临近断层带能率及其趋势变化规律曲线

另外,为了考察掘进巷道过断层带的突出危险性,利用建立的 2σ 预警模型对其危险性进行评价。由于巷道掘进期间的监测数据较多,选取以长时指标 L_f 为例,以便能得到更加准确的预警结果。从图 7-6 可以得到:在 2010 年 4 月 24 日～6 月 3 日期间,系统共监测了 40 天,每 4 天的事件频次可从数据库中得到,通过计算其均值与标准差即可得到 $\mu + 2\sigma$ 为:49.5,而 2010 年 5 月 26 日～30 日的频次为:46。之后,将上述数据带入 $|X_i - \overline{X}| < \alpha \times S$ 与 $|X_i - \overline{X}| > \alpha \times S$,即:$|X_i| = 46 < \mu + 2\sigma = 49.5$。不难看出,该时间段内及其整个掘进巷道过断层区域都不具有突出危险性,预警评价结果如图 7-7 所示。

目前,煤矿常采用地震波反射法与二维或三维地震等物探方法对断层构造情况进行勘测,其对断距比较大的断层,特别是对落差 10 m 以上断层的探测准确率高达 90%;对落差 5 m 以上的断层的探测准确率也在 70% 以上,尤其是三维地震方法是一种简便、可靠、经济、

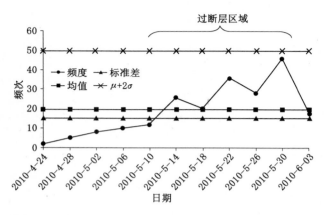

图 7-7 过断层区域突出危险性 L_f 指标预警的 2σ 评价结果

高效的勘探方法,该方法针对性强,成本低,工期短,地质成果准确、可靠,对煤矿的安全生产起着非常重要的作用。但对一些小断层,特别是 3 m 以下的断层探测,准确率还有待进一步的提高,而突出事故往往发生在这些已探明或隐伏断层构造带附近[194-196]。从以上分析结果可以看出,微震监测结果可以实现对采动影响下小断层的"活化"过程进行实时的监控,并跟踪其发展方向。

可以看出,微震事件的分布规律为了解并判断断层的空间产状提供了依据。同时,微震监测结果与井下实际采掘活动具有很好的对应关系,采掘活动离断层越近,微震事件越多,断层"活化"程度越明显。当采掘活动停止时,微震事件急剧减小,断层活动也基本稳定,并逐渐终止。因此,以上监测结果为制定过断层措施、地质钻孔施工以及瓦斯抽采钻孔参数的优化都具有重要的指导意义。

7.3.2 含断层掘进巷道突出危险性预警效果验证

为了验证上述微震监测结果及其突出危险性预警结果的准确性,分别采取二维地震勘探结果比对及现场实际断层揭露考察的方法进行了校检,二者验证结果表明,上述微震解释的断层"活化"过程与危险性评价结果是可靠的。同时,再次说明了 2σ 预警突出危险性模型的可行性,下面具体介绍以上两种方法的验证过程。

(1)二维地震勘探结果比对分析

二维地震勘探方法是利用人工方法产生地震波,地震波向下传播遇到界面产生反射信号,利用精密仪器在地面接收并对信号处理后,形成对地下构造和地层展布情况的较直观的地震剖面图。二维地震勘探方法是基于石油地震勘探发展起来的技术,已广泛用于煤田、油气田和石油等较明显的地下构造的勘探中[197-198]。

在 62110 工作面微震监测的过程中,安徽理工大学地球与环境学院在该区域进行了二维地震探测,其探测结果表明:在顶板地震时间剖面中,根据同相轴追踪解释原则,可见煤层距离巷道顶板有起伏,且存在同相轴不连续现象,其中解释的 2 处(JS3、JS4)同相轴断点异常,推断这 2 处异常是由构造或岩性变化引起的,如图 7-8 所示。

由图 7-8 可看出,62110 工作面底板巷顶板存在着两处较为明显的异常构造带,与微震监测结果比较吻合,充分地说明了微震技术探测断层构造带的可行性,特别是对采动下隐伏断层的"活化"过程能够实施动态的探测及其突出危险性的预警,可有效地减少瓦斯动力现象的

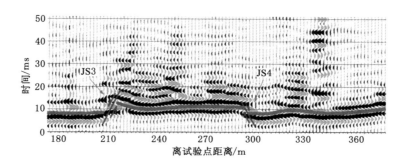

图 7-8　62110 工作面二维地震时间剖面

发生。

（2）现场实际断层揭露考察结果分析

经过对平巷实际揭露断层区域的考察，发现断层位置与微震监测的断层情况比较一致，表明系统的监测结果是十分可靠的。具体揭露的断层位置如图 7-9 所示。

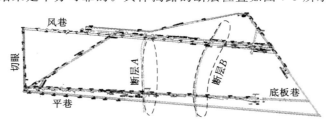

图 7-9　62110 工作面实际断层揭露情况

另外，2009 年 1 月 18 日～2010 年 3 月 19 日，新庄孜矿 62110 底板巷共发生瓦斯异常（探孔内瓦斯浓度 100％、瓦斯喷孔等动力现象）5 起，自 2010 年 4 月 24 日本区域微震系统运行以来，由于通过微震探测技术，提前探明构造异常区（隐伏断层等）位置实现了掘进巷道前方不良瓦斯地质体的及时预警，并及时采取有力的消突措施和技术手段，避免了监测区域煤与瓦斯突出等动力灾害事故的发生。

7.4　本章小结

本章重点研究了断层滑移失稳力学机制及准则，推导了断层结构力学模型，阐述了断层带活动规律与突出之间的关系，结合 62110 工作面煤巷掘进的实例分析，揭示了掘进巷道断层"活化"过程的演化规律，深入分析了 2σ 预警模型评价含断层掘进巷道突出危险性的过程，并采取二维地震勘探结果比对与现场实际断层揭露考察的方法对预警结果进行了校检，结果比较吻合。

8 采场覆岩采动裂隙演化特征及
瓦斯富集区分布规律

8.1 概　　述

煤矿瓦斯又称煤层气,是赋存于煤层中的烃类气体,和天然气一样,主要成分是甲烷,是一种新型的洁净能源和优质化工原料,也是 21 世纪的重要接替能源之一。据新一轮全国煤层气资源预测结果[199],我国煤层气资源丰富,全国埋深 2 000 m 以上煤田范围内拥有的煤层气资源量为 3.1×10^{13} m³,居世界第二位,与陆上常规天然气资源量相当,是全国天然气总储量的 51.94%。

搞好煤矿瓦斯抽采利用,首先,可以增加国家能源的供给,改善能源结构。同时,可以减少对进口天然气的依赖,有利于保障国家能源安全;其次,控制直接向大气中排放的瓦斯量,有利于保护生态环境;第三,尽快将瓦斯这一丰富的资源充分利用起来,逐渐使其成为经济发展的一个新的经济增长点。因此,开发利用瓦斯(煤层气)既可以充分利用地下资源,又可以改善矿井安全条件和提高经济效益,对缓解常规油气供应紧张状况、实施国民经济可持续发展战略、减少温室气体排放、保护环境等均具有十分重要的意义。

另外,瓦斯对煤矿安全生产是重大威胁,搞好煤矿瓦斯抽采利用是煤矿安全生产的根本措施。我国煤矿赋存条件复杂,高瓦斯突出矿井约占 1/3,防治煤矿瓦斯事故始终是安全生产的关键环节。新中国成立以来,全国共发生 25 起一次死亡百人以上的煤矿事故,其中 21 起是瓦斯事故。近几年来,煤矿重特大事故死亡人数近 70% 都是由瓦斯事故造成的[200]。搞好煤矿瓦斯抽采利用,可实现煤炭在低瓦斯状态下开采,有效杜绝重特大瓦斯事故发生。

但是也要看到,当前我国煤矿瓦斯抽采利用还处在起步阶段。主要表现在煤矿瓦斯抽采总量还不大,利用水平也比较低,发展非常不平衡。我国矿井瓦斯平均抽采率仅有 23%,而美国、澳大利亚等主要产煤国家的抽采率均在 50% 以上,可见,目前我国大量的井下可抽采瓦斯没有得到有效利用。

煤矿瓦斯灾害防治的主要目的是防止瓦斯积累,消除瓦斯突出,防治瓦斯爆炸。而防止瓦斯积聚的主要技术途径是减少瓦斯向采掘空间涌出和稀释采掘空间的瓦斯浓度,其中瓦斯抽采是减少瓦斯涌出的一种最有效途径,加强矿井通风是稀释采掘空间瓦斯浓度最有效的方法。消除瓦斯突出等动力现象的主要技术途径是释放煤岩层中的瓦斯和地压。实践表明,一旦煤层开采引起岩层移动,即使是渗透率很低的煤层,其渗透率也将增大数十倍至数百倍,为瓦斯运移和抽采创造了条件。我国煤层的主要特点是地质构造复杂、煤层群开采,煤层透气性低、瓦斯含量高、煤层突出危险严重。显然,煤层赋存条件决定了我国的瓦斯抽采应以卸压抽采为主,瓦斯抽采的重点应放在井下,不适宜采取地面钻孔的方式抽采煤层气。必须利用井下的采掘巷道,通过采矿活动引起的采动影响,采取卸压增透,用抽采钻孔和各种有效配套技术等方法进行卸压煤层的瓦斯抽采。因此,矿井瓦斯灾害治理的根本在于抽采瓦斯[201]。

一般来说,煤与瓦斯突出问题被认为是由煤层赋存及压力状态、煤体的物理特性与地应力等综合因素引起的[202]。不难看出,如何成功实现瓦斯抽采是十分必要的,其在煤矿经济和安全生产效益中发挥着重要的作用,瓦斯防治问题是一个巨大的挑战。因此,本章将在前人研究的基础上,运用理论分析、数值模拟以及工业性试验等方法,着重介绍采动影响下采场覆岩破坏规律、卸压开采机理与采动裂隙演化规律及其在瓦斯抽采中的应用方面的研究工作。

8.2 采场覆岩结构破坏规律

采动下,煤岩体的应力场演化导致了采场覆岩结构的移动,随着采空区范围的扩大,采场附近一定范围内的岩层不断破断,并最终形成采动裂隙场。所以,在研究覆岩采动裂隙场演化规律之前,必须要搞清楚覆岩结构的破坏规律。本节将重点阐述覆岩破坏的基本特征、工作面前方的应力分布状态以及采动裂隙"O"形圈的基本原理。

8.2.1 覆岩破坏基本特征

采场覆岩随工作面的推进经历初次破断和周期破断,形成岩层破断裂隙,其规律以周期来压步距与顶板垮落角等特征量来反映。煤岩体结构的运动规律及裂隙发育特征表明在保护层开采影响条件下,上覆煤岩体定会产生变形和破坏[203]。一般来说,随着工作面的回采,覆岩处于悬空状态,必然引起覆岩的破断与运动,从而形成采动裂隙。覆岩采动裂隙场的分布状态与水体下采煤、卸压瓦斯抽采及离层注浆减沉等工作面灾害问题密切相关[204-206]。因此,研究覆岩破坏基本特征与采动裂隙的分布状态及其演化规律对覆岩结构稳定性分析、渗透性评价及开采沉陷机理与规律认识等具有重要的理论与实际意义。

S. S. Peng[207],M. Bai[208],H. Yavuz[209]等学者研究了煤层开采后覆岩内存在三个不同破裂带的特点,认为当采煤工作面开切眼后,覆岩原始应力场的平衡状态被破坏,致使围岩应力重新分布。随着工作面的回采,覆岩处于悬空状态,必然引起覆岩的破断与运动,从而形成采动裂隙。一般来说,采动下覆岩关键层底部的不间断破坏是非常不均匀的,也就是说,裂隙将会在不同形式的剪压应力作用下产生不同的分布状态。根据刘天泉等提出的覆岩裂隙场"横三区"与"竖三带"的观点[210],认为采空区覆岩而自左至右则形成了"支撑影响区"、"离层区"与"重新压实区";自下而上存在着三个破裂带,被称为:"冒落带"、"裂隙带"及"弯曲下沉带",简称"横三区竖三带",如图8-1所示。

通常,随着长臂采煤工作面的推进,采空区悬臂顶板急剧转动,且不断下沉,以至于覆岩表现出了不同的破坏特性。

在覆岩水平方向上,在煤壁支撑应力的作用下,支撑影响区岩体回转半径较小,下沉量也较小;而离层区破断较大,并在已垮和未垮岩层的"夹持"之下,下沉量受到一定的制约,逐渐形成了岩块之间的离层现象;随着工作面的不断前移,顶板悬露程度加大,覆岩不断变形与位移,当岩块承受的外荷载大于自身强度时,会引起顶板急剧沉降,岩块之间几乎无黏结力,不断掉落,并形成覆岩的重新压实区。

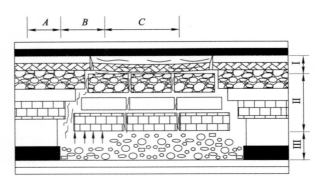

图 8-1　采场覆岩结构基本特征

A——支撑影响区；B——离层区；C——重新压实区；Ⅰ——弯曲下沉带；Ⅱ——裂隙带；Ⅲ——冒落带

　　在竖直方向上，由于失去支承力作用，冒落带岩块与母体岩层脱离，失去连续性，呈不规则状态或类似层状岩层分布，形成宏观的缝隙或空洞，为流体介质的进入提供了通道；裂隙带位于冒落带之上，但整体连续性没有受到破坏，根据煤岩性质的不同，裂隙带内的裂隙分为岩层裂隙和穿层裂隙两种，由于其与冒落带相连，也是导水、导气的通道；弯曲下沉带又位于裂隙带的上部，有整体移动的趋势，只承受自重作用下的法向弯曲，水平裂隙较发育，但竖向裂隙不发育，难以形成流体的竖向通道。

　　一般来说，对上述"三带"的研究较多。研究表明[211]，"三带"高度的影响因素很多，最主要的影响因素为覆岩的岩性、煤层倾角、采厚、工作面推进速度、工作面长度及采煤方法等六个因素。覆岩的破坏高度与其岩性及力学特性密切相关，不同的刚性、脆性、塑性和韧性及其搭配与厚薄组合的岩层，产生垮落开裂的范围变化较大。覆岩"三带"高度一般由通用计算公式(8-1)或经验公式(8-2)来确定[212-213]。

　　通用公式(冒落带、裂隙带高度)如下：

$$H = 100 \sum \frac{M}{(A \sum M + B) \pm C} \tag{8-1}$$

式中　　$\sum M$ ——累计采高；

　　　　A, B ——覆岩硬度变化的计算参数；

　　　　C ——误差。

　　"三带"最大高度经验公式如下：

$$H_f = \frac{100M}{3.3n + 3.8} + 5.1$$
$$H_c = (3 \sim 4)M \tag{8-2}$$

式中　　H_f ——"三带"高度；

　　　　H_c ——冒落带最大高度；

　　　　M ——累计采厚；

　　　　n ——煤分层层数。

　　可见，随着开采深度的加大，煤层开采所形成的"三带"高度已不能用经验公式来计算，而必须根据实际所采煤层情况来确定。因此，由于现场条件的复杂性，经验类比性差，运用上述公式来计算"三带"高度时都有较大的局限性，必须根据实际开采情况进行实时的动态计算。

8.2.2　覆岩支承压力分布规律

　　工作面回采过程中，前方一定范围内的煤体受到移动支承压力影响，其支承压力分布与裂隙区演化规律，如图8-2所示。在煤壁附近，当采动应力超过煤体强度极限时，煤壁产生破裂，致使在煤壁及其一定深度范围内，煤体的破裂形式与煤体强度有关，当煤体较为松软（$f<1$）时，煤体的破裂以受压后煤壁中上部向工作面水平位移以及伴生的张拉裂隙为主，并辅以斜角的剪切裂隙；而当煤体较坚硬（$f>2$）时，煤体在高应力作用下，产生的裂隙主要以与煤层近乎垂直的竖向和斜交裂隙为主，并且这些裂隙受煤壁附近伴生的水平应力作用，愈靠近煤壁，裂隙扩展宽度越大，越向煤体深部，裂隙水平扩展越小[214]。同时，由于支承压力的变化，导致煤体表面的张力发生变化，煤体内瓦斯的存在状态也将发生很大的变化，尤其是应力降低区是瓦斯大量解吸和通过孔裂隙运移并涌入工作面的主要区域。

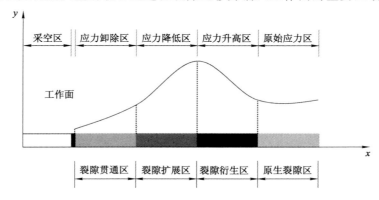

图 8-2　工作面前方支承压力与裂隙分布规律

　　通常，由于裂隙贯通区靠近工作面，在受到边缘煤体的"挤出"效应下，失去三向受力的煤体出现屈服而形成贯通裂隙，贯通的裂隙大大提高了其内部流体的渗透性，成为瓦斯逸散的主要通道；裂隙扩展区的煤体应力水平明显高于原岩应力状态，该区域煤体已经遭到破坏，但仍具有一定的承载能力。由于塑性区的煤体处于不稳定状态，小幅的应力状态改变，将使煤体内部的微裂隙迅速扩展并贯通，导致煤壁失去承载能力而进入裂隙贯通区域；裂隙衍生区域的煤体大多处于弹性压缩阶段，但是靠近采动应力峰值微裂隙开始衍生并逐渐扩大，到达应力峰值时衍生裂隙数量达到最大；而对于原生裂隙区来说，该区域的煤体内部的裂隙为原生裂隙，内部的流体介质和煤岩孔裂隙都处于相对平衡状态。

8.2.3　采动裂隙"O"形圈基本原理

　　钱鸣高等[215-219]最早提出了采场关键层和"O"形圈的理论，认为在采动影响下，覆岩关键层将会破坏，且采空区覆岩的中部将会被压实，但在采空区边缘将会产生一个与之相连的裂隙发育区。而且，岩层移动过程中的离层主要出现在各关键层下，关键层下离层动态分布呈现两阶段发展规律：即关键层初次破断前，随着工作面推进，离层量不断增大，最大离层位于采空区中部。关键层初次破断后，关键层在采空区中部离层趋于压实，而在采空区两侧仍各自保持一个离层区，工作面侧的离层区是随着工作面开采而不断前移的。从平面看，在采空区四周存在一个沿层面横向连通的裂隙发育区，称之为采动裂隙"O"形圈。采取试验的方法统计了"O"形圈的宽度约为 34 m，并随着采矿活动的进行会有一个长期的发展过程。

而且,周围煤岩体内解吸的瓦斯会不断地往"O"形圈内运移积聚,瓦斯抽排钻孔打到"O"形圈内才能保证预期抽采效果,如图 8-3 所示。

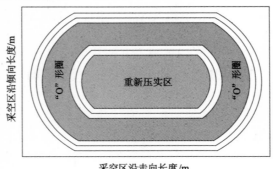

图 8-3　采动裂隙"O"形圈基本原理

8.3　卸压开采采动裂隙演化规律

研究发现,前人已经对覆岩移动规律与采动裂隙分布特征及其在工程中的应用作了积极的探索,但传统的分析方法大部分是对覆岩采动裂隙的宏观表现行为进行了深入的研究,对卸压开采条件下采动裂隙的细观演化规律研究尚有所不足,尤其是运用非线性的数学方法定量地描述细观采动裂隙演化形态的研究还需要进一步加强。本小节将进一步阐述采场覆岩采动裂隙形成的力学机制,借助于煤岩破裂过程细观分析数值方法,详细揭示采动裂隙的演化过程,并应用分形几何理论,对采动裂隙的分布状态进行定量的描述与研究。

8.3.1　覆岩破坏力学模型

根据覆岩"横三区"与"竖三带"理论,从覆岩结构整体上看,煤层开采后,覆岩关键层下部将产生非协调性的连续变形破坏,即有的岩层出现以剪应力为主的破坏,有的则以拉压应力为主的破坏,形成了不同的裂隙分布状态。采空侧覆岩受到左右侧煤壁支撑应力的影响,在覆岩内形成拉应力及剪应力区。拉应力区(A)主要分布在冒落带破断线之内;剪应力区(B)主要分布在裂隙带内,特别是裂隙带内的竖向裂隙区。在拉应力作用下,冒落带岩体逐渐形成重新压实区;而在剪应力作用下,采动裂隙不断生成,形成卸压膨胀变形。因此,采动下覆岩破坏的力学简化模型,如图 8-4 所示。

8.3.2　采动裂隙演化规律数值模拟分析

（1）数值模型建立

沿工作面倾向方向取剖面,利用 RFPA^{2D} 软件进行建模[220-222],采用平面应变分析,破坏遵循 Mohr-Coulomb 强度准则。模型尺寸 250 m×100 m,划分为 250×100 个单元。由于实际岩层较复杂,为了计算方便,将模型简化为 11 层,第 2、9 层为煤层,其他为岩层,第 2 层煤层厚度为 6.0 m,第 9 层煤层厚度为 9.0 m。为了反映出工作面开挖的影响,参考实际的采矿过程,在第 9 层煤层中部共开挖了 100 m,开挖一次完成。另外,加载方式采用上边界面位移加载,分步加载,每步加载 10 mm;下边界及左右边界面都为固定约束,数值计算模型,如图 8-5 所示。

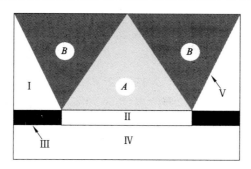

图 8-4　采动覆岩力学模型

Ⅰ——覆岩；Ⅱ——采空区；Ⅲ——煤层；Ⅳ——底板岩层；Ⅴ——破断线；
A——拉应力控制区；B——剪应力控制区

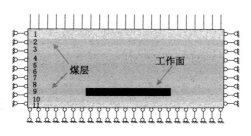

图 8-5　数值计算模型

　　该数值模拟考虑自重效应，没有考虑地下水、温度及瓦斯的影响。各岩层的灰度代表岩层弹性模量的大小，灰度越亮，代表其值越大，具体的煤岩层力学参数如表 8-1 所列。

表 8-1　　　　　　　　　　　　　数值计算力学参数

序号	岩性	层厚/m	弹性模量/GPa	抗压强度/MPa	泊松比	摩擦角/(°)	自重/(g/cm³)
1	砂质泥岩	13	240	100	0.31	29	2.50
2	煤层	6	18	22	0.40	30	1.40
3	粉砂岩	10	65	80	0.27	29.5	2.32
4	粉砂岩	12	60	60	0.16	26	2.30
5	中粒砂岩	5	20	50	0.16	31	2.58
6	砂质泥岩	6	25	55	0.38	27	2.50
7	泥岩	11	55	70	0.21	22	2.41
8	细砂岩	10	45	80	0.33	25	2.49
9	煤层	9	18	22	0.40	30	1.40
10	粉砂岩	10	70	80	0.28	29.8	2.35
11	砂质泥岩	8	120	105	0.26	27	2.46

（2）模拟结果分析

　　根据整个计算结果可知：随着工作面的开采，覆岩内部经历了微裂纹的初始萌发、扩展直至宏观裂纹贯通的过程。由于篇幅有限，现仅将其中有代表性的煤岩体损伤分布和加载过程中应力场的动态演化及声发射、能量等规律的对比结果作详细说明。

随着不断地加载,采动裂隙场的分布状态明显不同。当加载到第 5 步时,在加载及自重效应下,工作面周围煤岩体的应力重新分布,特别是在工作面两端内侧的左右上方出现了明显的损伤演化,产生了声发射现象,采动裂隙形态开始孕育,如图 8-6(a)(Step5)所示,但此时覆岩在支承压力的作用下没有大面积垮落,覆岩破断面以内岩层的裂隙很少,采动裂隙场并没有形成。随着加载步的不断增加,由于工作面上方某些岩层破断对覆岩的垮落形态有较大的影响,以至某些岩层破断后,与下部薄软岩层间在采空区中部由于破断岩层的砌体梁结构的影响,致使各岩层之间的离层趋于压实,但在采空区两侧采动裂隙仍发育,由下往上在采空区两侧存在一个裂隙发育区,且裂隙主要出现在上覆断块长的岩层与下方断块短的岩层之间,而采空区周边因砌体梁结构关键块的平衡作用,使得采空区周边的裂隙量与离层率比中部大。此时,工作面两端内侧的斜上方出现的损伤不断加剧,声发射逐渐增多,煤岩体的损伤逐渐加剧为下一步采动裂隙场的形成创造了有利条件,随着时间推移,采动裂隙场的范围不断扩大,并向覆岩上方及工作面方向逐渐扩展,最终形成采动裂隙场,如图 8-6(a)(Step26)所示。

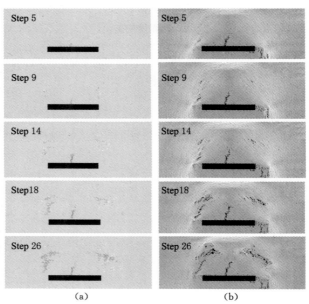

图 8-6　不同加载步下覆岩采动裂隙演化规律

(a) AE 分布图;(b) 应力分布图

同样,加载过程中覆岩应力场演化规律也揭示了覆岩采动裂隙的发展过程。采动作用破坏了原始地应力的平衡,使地应力重新分布,形成应力差高低区域,使得一定距离的覆岩和产生不同程度的卸压,同时也使得工作面前方一定范围的煤岩层的应力大于原始应力(即产生了应力集中),围岩或煤层产生弹性变形。由于弹性变形而产生的弹性潜能将对煤体做功,使煤体产生破坏和位移,从而导致覆岩内部微破裂的产生,微破裂在经过萌生、扩展直至贯通之后形成采动裂隙。图 8-6(b)反映的是加载条件下覆岩应力场的演化规律,其中图中灰度表示应力的大小,灰度越亮,说明应力越大,灰度越暗,则说明应力越小。从图 8-6(b)

(Step5)可以看出,在工作面两端产生了应力集中区,对应的应力较高;而覆岩中部区域应力较低,且在拉应力作用下,在工作面上方中部出现了裂隙区域,并形成破裂面。随着加载的进行,应力场不断向工作面上方转移,一直延伸到覆岩顶部,特别是在工作面四周区域产生应力差高低区域,以剪应力为主,支承压应力升高区和剪应力升高区范围随加载的进行不断增大,并形成较多的采动裂隙。此时,采动裂隙场逐渐形成,随着工作面的前移,裂隙不断发育演化并最终形成整体上的采动裂隙场,且在工作面覆岩中部出现的裂隙区域不断扩大,直至形成贯通的破裂面,并最终趋于压实,如图 8-6(b)(Step9、14、18、26)所示。

另外,声发射可以有效地反映煤岩体的破裂过程并评价其损伤程度。煤岩破裂与声发射之间必然存在内在联系,声发射是煤岩体破坏之前发出的前兆信息。因此,分析煤岩体破坏过程中声发射时序特征对研究采动裂隙的演化规律有很大的指导意义。

从图 8-7 可以看出,随着加载步的增加,模型所受到的荷载及采动裂隙场形成过程中声发射数表现出了不同的时序特征。在初始加载阶段,其分布零散、无序,荷载曲线表现出明显的线性特征,而声发射数也是从无到有,刚开始基本没有,能量与活动频率亦小;之后,覆岩损伤不断积累,声发射数增多;当加载步进行到第 26 步时,荷载曲线开始表现出非线性行为并发生突跳,此时覆岩破坏现象十分明显,内部结构发生显著变化,裂纹的扩展贯通形成宏观主裂纹,并逐渐形成大量新的诱导裂隙,产生变形局部化现象,同时,声发射数急剧增多,释放的能量达到最大值,此时采动裂隙场最终完全形成;之后直到加载到第 35 步,载荷保持在一定范围之内,声发射数猛然减小,直至没有。可见此时采动裂隙完全贯通,采动裂隙场范围不再扩大。

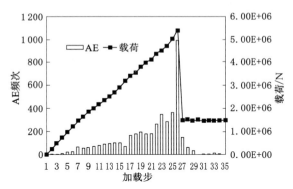

图 8-7　不同加载步下声发射序列及荷载分布特征

8.3.3　采动裂隙分形特征

（1）岩石力学中的分形

1983 年,曼德勃罗(B. B. Mandelbrot)的《自然界中的分形几何》标志了分形科学的诞生[223]。自 20 世纪 80 年代以来,分形几何被广泛应用于岩石力学中,国内谢和平院士最早将分形理论应用到岩石工程领域,创立了"分形—岩石力学"理论[224],证明了煤岩材料从微破裂到破坏的整个过程具有分性特征,并提出了在岩石力学问题的分析与求解中考虑分形效应与影响。分形的定量描述是分形维数 D_f,常见的分维数有相似性维、盒维、Hausdorff维、信息维、关联维[225]。目前,分形理论在岩石力学中的岩石断裂与损伤、岩石统计强度、岩石微裂纹损伤演化特征、节理力学行为、爆破块度预测、岩爆等方面都获得了许多研究成果[226]。

（2）采动裂隙分形描述

谢和平、于光明等[227-228]利用大量相似材料模拟实验，研究了采动岩体裂隙的分形分布及其演化规律，提出了采动岩体分形裂隙网络的概念。唐春安、梁正召等[229]认为岩石试件的失稳破坏存在着空间微观层次与宏观层次上结构模式的对偶性，即分形理论中的"自相似"性。另外，岩爆的分形特征与机理研究说明一个低分维值的出现意味着岩体内将形成一个大的断裂表面或断裂体积，可以预测岩爆的发生。

（3）分维值的量测方法

对于岩石裂隙几何构造分维值的量测方法目前主要有 6 种，其中较为常用的主要有以下 2 种[230-231]：

① 码尺法。该方法是古典的分形量测方法之一，属纯几何量测方法。用码尺 R 去量测一条岩石结构面，如裂隙等。如从剖面这一端到另一端所需码尺 R 去步量的次数为 $N(R)$，则剖面的长度 $L(R) = R \cdot N(R)$，如果该条剖面是分形曲线，则 $N(R)$ 与 R 之间存在关系如下式：

$$N(R) \propto R^{-D} \tag{8-3}$$

式中　D ——分维值；

　　　R ——码尺；

　　　$N(R)$ ——次数；

　　　$L(R)$ ——曲线长度。

② 盒维数法。即用半径为 R 的圆或边长为 R 的正方形去覆盖裂隙曲线或裂隙构造分布区域。对于边长为 R 的网格，改变一系列尺度 $1/R$，统计落于和交于相应单元格的迹线系数或面块数。因此，尺度为 $1/R$ 的各单元格的迹线（或面块）充填密度为：

$$N(R) = \frac{\sum\limits_{i=1} \dfrac{x_i}{x_{\max}}}{R} \tag{8-4}$$

式中　x_i ——第 i 单元格内的迹线或面块数；

　　　$x_{\max}$ —— i 个单元格内中密度最大值。

利用上述统计结果，可获得一系列 R 与 $N(R)$ 的数据，若采动裂隙的分布具有分形特征，则二者之间必然满足以下关系式：

$$D = \lim_{R \to 0} \frac{\lg N(R)}{-\lg R} \tag{8-5}$$

将上式分别取对数，可得：

$$\sum_{i=1} \frac{x_i}{x_{\max}} = \frac{\lg N(R)}{\lg(1/R)} = -\frac{\lg N(R)}{\lg(R)} \tag{8-6}$$

比较以上两式，即：

$$D = \sum_{i=1} \frac{x_i}{x_{\max}} \tag{8-7}$$

实际应用中，只能取有限的 R，取一系列的 R 与 $N(R)$，然后以双对数坐标来得到直线的斜率，其斜率即为分形维数 D。

（4）采动裂隙分形特征实例分析

如何定量地描述采动裂隙的特征,这就需要确定一个能够反映其自相似规律的合理参数,即分形维数 D。研究表明[227],虽然利用 CT、SEM 等手段对不连续面的测量进行了许多研究,但大部分是基于室内实验的研究,以至于与工程中的岩体是有区别的。此外,有些学者采用相似材料模拟采动裂隙的形成过程及其分布状态[232-233],但简化后的数值模型也较难反映出现场岩体的实际状态。所以,但由于采动裂隙的实际分布状态难以确定,致使分维值也难以确定。而由于微震监测技术能实时获取覆岩破裂的真实状态,并实现了微破裂的三维空间定位,因此利用微震事件的分布状态来进行裂隙分维数的量测和研究具有更真实反映覆岩原始状态的优点。

本研究采用盒维数法进行覆岩采动裂隙分形维数的测量。以本书6.3节中介绍的微震系统的监测结果为例,旨在深入分析覆岩垮落过程中采动裂隙的分形特性。在监测过程中,获得了62113工作面回采期间覆岩实时垮落过程中的微破裂分布,如图8-8所示。通常,如果假设覆岩每产生一个微破裂表示发生过1次微震事件,则微震作为表征覆岩受载变形破坏的物理量,理论上每一个微破裂就对应着一个微震事件,也就说明能够以微震事件的分布状态来考察采动裂隙的分形特征。

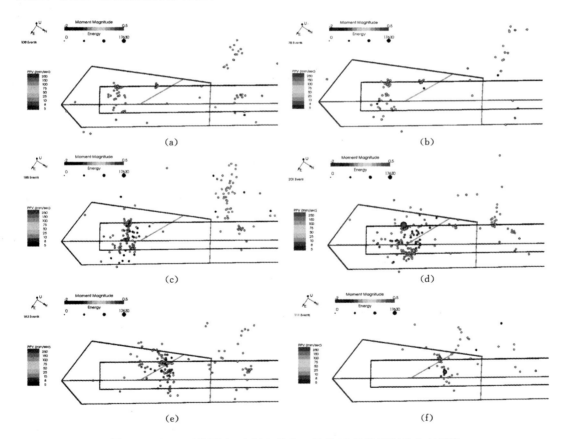

图 8-8 62113 工作面 2009 年 4 月 10～7 月 31 日微震事件分布规律

(a) 2009 年 4 月 10 日～4 月 29 日;(b) 2009 年 4 月 30 日～5 月 15 日;(c) 2009 年 5 月 16 日～6 月 5 日;
(d) 2009 年 6 月 6 日～6 月 25 日;(e) 2009 年 6 月 26 日～7 月 15 日;(f) 2009 年 7 月 16 日～7 月 31 日

分别选取该面 2009 年 4 月 10 日～4 月 29 日、2009 年 4 月 30～5 月 15 日、2009 年 5 月 16～6 月 5 日、2009 年 6 月 6～6 月 25 日、2009 年 6 月 26～7 月 15 日、2009 年 7 月 16～7 月 31 日期间（共 6 组）微震事件在工作面的投影图像进行分析。考虑工作面的实际尺寸及回采情况，该投影图的长（走向）与宽（倾向）尺寸分别确定为 20 m×120 m。之后，采用不同的尺寸 R 对上述 6 组微震事件投影图像进行网络覆盖，如图 8-9 所示，并且边长 R 分别选取 20 m、10 m、5 m、2.5 m。

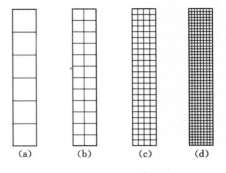

图 8-9　盒维数法裂隙覆盖原理

(a) R＝20 m；(b) R＝10 m；

(c) R＝5 m；(d) R＝2.5 m

由上述监测结果及分形维值盒维数法计算模型可得到不同回采阶段覆岩裂隙的 $\lg N(R)$ 和 $\lg(1/R)$ 值，并用最小二乘法进行最佳线性拟合可得其双对数图，如图 8-10 所示，而采动裂隙分形维数如表 8-2 所列。

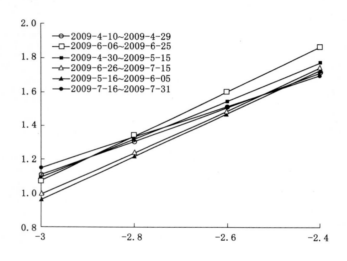

图 8-10　$\lg N(R)$-$\lg(1/R)$ 双对数图

表 8-2　　　　　　　　　　　　　　　　分形维数 D 计算

序号	时间	回归方程	相关系数	分维值 D
1	2009 年 4 月 10 日 ～ 4 月 29 日	$y = 1.109x + 4.132$	0.998	1.109
2	2009 年 4 月 30 日 ～ 5 月 15 日	$y = 1.125x + 4.469$	0.996	1.125
3	2009 年 5 月 16 日 ～ 6 月 5 日	$y = 1.268x + 4.768$	0.999	1.268
4	2009 年 6 月 6 日 ～ 6 月 25 日	$y = 1.312x + 5.013$	0.995	1.312
5	2009 年 6 月 26 日 ～ 7 月 15 日	$y = 1.288x + 4.834$	0.993	1.288
6	2009 年 7 月 16 日 ～ 7 月 31 日	$y = 1.116x + 3.869$	0.997	1.116

微破裂分维数作为覆岩采动裂隙无序性的度量，能反映出其微破裂的统计演化规律。

上述计算结果表明：随着工作面的推进，覆岩采动裂隙是不断变化的，采动裂隙的分布区域逐步向工作面方向和覆岩深部方向扩展，即随着上覆岩层的垮落、移动、断裂，在采动影响区内的覆岩产生离层裂隙和垂直裂隙，从而不断产生新的岩体结构，而采动裂隙可以很好地表征岩体结构的特征，采动裂隙随距切眼不同距离的演化规律揭示了岩体结构的变化。因而，采动裂隙的演化可以预测、评价覆岩的岩体系统强度及其稳定性，为工作面合理的回采提供了理论依据。

图 8-11 反映了覆岩采动裂隙分维数随工作面推进距离的变化曲线，可以看出，分形维数随工作面不断推进经历了由小→大→小并趋于稳定的两个阶段变化过程。在第 I 阶段，从覆岩垮落过程来看，其经历了直接顶初步垮落、直接顶第 2 次垮落、基本顶初次垮落，即将产生首次周期性垮落，覆岩体中裂隙空间占位迅速提高，以至于分维值升高较大；而在第 II 阶段，随着该时间段内回采工作的结束，覆岩活动逐渐趋于稳定，特别是当冒落带内岩石不断闭合压实，而且，此段回采过程中，受断层 F_1 的影响，采动裂隙在某种程度上受到了阻碍，导致覆岩内部采动裂隙急剧减少，以至于该阶段的分维值降低，之后，不断稳定下来。可见，分维数刻画了岩体中裂隙发育的数量，同时也反映了其受岩体结构（断层构造带）的影响。另外，分维值随着工作面的推进的变化规律，也描述了采动裂隙几何学特征对覆岩体完整性的影响。

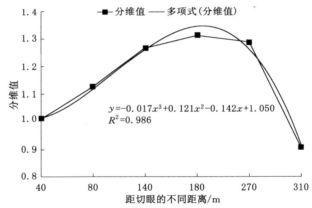

图 8-11　分维数随工作面推进距离的变化曲线

另外，从图 8-11 可以看出，工作面的回采步骤距离 L 与覆岩采动裂隙分维数 D 之间的经验回归公式如下：

$$D = -0.017L^3 + 0.121L^2 - 0.142L + 1.050 \tag{8-8}$$

式中　D ——分维值；

　　　L ——回采步距。

上述结果验证了覆岩破坏是一个降维有序、耗散结构的发展过程，覆岩采动裂隙分布特征可用分形几何理论对其进行定量的描述。可以看出，分维数的变化过程揭示了采动裂隙的演化规律，往往分维数的降维过程则表明覆岩结构受到了断层等构造带的影响，而分维数的最低点常常对应着覆岩破坏诱发动力灾害的发生点，从而可以将其作为灾害发生的前兆，为建立实际覆岩结构变化与采动效应响应之间的物理关系创造了有利条件。但覆岩破坏前兆的分形临界值很难确定,在实践工程中,需要结合实时连续监测覆岩稳定性的其他技术手段来充分利用采动裂隙的演化规律及其分性特征。因此,分维数反映了覆岩采动裂隙的演化特征,其可作为覆岩结构稳定性的评价指标,这就为覆岩稳定性分析、采空区顶板管理以及采煤工作面支架移动提供了理论指导。

8.4 采空侧卸压瓦斯富集区分布规律

前两节已经对覆岩破坏规律与采动裂隙的演化特征进行了深入的阐述,本小节将重点研究采空侧覆岩内卸压瓦斯富集区的分布规律,并借助于微震监测方法,详细介绍裂隙区的分布特征与瓦斯运移规律及其在瓦斯抽采中的应用情况。

8.4.1 留巷钻孔法抽采卸压瓦斯机理

一般来说,开采瓦斯主要来源于本煤层(首采层)、采空区与邻近层瓦斯,通常被广泛使用的方法是瓦斯抽采法。

近年来,淮南矿区创新了首采关键层卸压开采抽采瓦斯技术,变传统保护层开采、瓦斯自然释放为主动的卸压开采抽采瓦斯,即首采卸压层巷道钻孔法瓦斯抽采技术,致使被卸压煤层在低瓦斯状态下安全开采,从而实现了瓦斯的区域性治理,比如:高位钻孔或高抽巷抽采法。但上述方法已不能满足深部高瓦斯涌出量工作面和强突出煤层消突的需求,与安全高效开采不相适应;卸压开采消突技术由于受地质条件和技术因素的影响,卸压层留设煤柱和断层岩柱造成了被保护层部分区域的应力集中;在浅部开采以巷道或巷道穿层钻孔抽采卸压瓦斯的成功经验以及突出煤层巷道开掘前先布置两条岩巷预抽瓦斯消突的有效措施,均需要提前准备大量的岩巷和钻孔工程,巷道掘进成本高,掘进速度低且维护困难,不能很好地满足抽采瓦斯的目的[234]。可见,上述技术在实际生产过程中均存在很多难以回避的难题,都不能充分地实现安全高效地抽采开采过程中首采层、采空区与邻近层产生的瓦斯。

特别是近些年,淮南矿区在无煤柱煤与瓦斯共采理论与技术研究方面取得了重大突破。即首采卸压层沿空留巷钻孔法瓦斯抽采技术,通过沿空留巷并在留巷内布置钻孔,连续高效抽采采空区及邻近层瓦斯,实现了煤与瓦斯安全高效共采。目前,高瓦斯低透气性煤层群开采矿区正在普遍推行沿空留巷(紧贴采空区,保留和维护上一区段的运输巷道作为下区段的回风巷,其间不留煤柱,故称为沿空留巷)首采卸压层煤矿开采与瓦斯抽采技术。即首先选择瓦斯含量低、突出危险性小的煤层作为关键保护层(首采卸压层)开采,顶底板岩层移动条件下,使上下邻近煤层卸压,瓦斯解吸,透气性增加,然后通过预先布置的首采卸压层留巷抽采邻近层卸压瓦斯,如图 8-12 所示的向被卸压层布置的上向 1、2 号与下向 4、5 号瓦斯抽采钻孔,由于采动后被卸压煤层横向离层裂隙发育,钻孔布置易于实现有效抽采;但采用向采空区内布置(沿空留巷技术可以保证在采空区内有条巷道可以布置瓦斯抽采钻场)倾向抽采钻孔如图 8-12 中 3 号钻孔抽采采空区瓦斯时,瓦斯富集区如何确定是个难题。

根据煤矿覆岩岩层移动理论,在开采过程中,煤层顶底板不断发生冒落、移动并产生大量的采动裂隙,并引起首采卸压层与被卸压层煤层内的瓦斯卸压及其解吸。而且瓦斯具有上浮与渗流的特性,大量的卸压瓦斯将沿着裂隙导通通道汇集到裂隙发育区的顶部,即汇集到覆岩裂隙圈内,并形成瓦斯寄存库,如果把瓦斯抽采钻孔布置到上述区域,就可以保证钻孔有较长时间的抽采时间、较大的抽采范围及较高的瓦斯抽采率。因此,深入地研究采空区

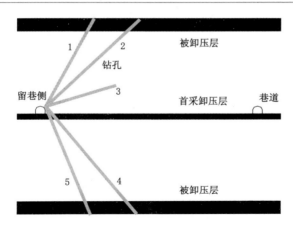

图 8-12 沿空留巷首采卸压层钻孔法瓦斯抽采机理

覆岩采动裂隙区的分布特征是解决高瓦斯低透气性煤层瓦斯抽采困难最关键的技术问题。

8.4.2 瓦斯富集区确定原理

传统的方法研究了采动裂隙的分布特征及寻找瓦斯富集区的手段。但是,由于采空区覆岩破坏的机理及裂隙区孕育发展的过程尚未完全研究透彻,特别是在现场条件极其复杂的情况下,目前还仅仅是通过经验公式或不断尝试等手段来分析采动裂隙的分布规律并确定瓦斯抽采参数。所以,关键问题是搞清楚裂隙区演化规律及寻找并准确标定出裂隙发育区的空间位置参数,但运用传统的方法很难实现,至今没有形成一套适应复杂条件下可靠动态的确定方法。

从理论上来说,覆岩采动裂隙微破裂萌生、扩展直至贯通的过程诱发了裂隙区的产生。沿工作面倾向方向上,冒落区上覆岩体将会积聚压实并呈现出不规则的破碎状态,裂隙带中的竖向裂隙区将产生卸压膨胀,竖向裂隙与离层裂隙发育,以至水平和竖向裂隙贯通,并与不规则冒落带连通,且由于瓦斯较空气轻易往上漂浮,因此,采动裂隙场就为卸压瓦斯和采空区积聚的瓦斯提供了良好的储存场所,足够多的微破裂会变为贯通的裂隙场,形成瓦斯运移通道。

目前,对于覆岩及底板破坏探测的方法较多,使用的方法主要有钻孔电视法、弹性波测井法、孔间震波 CT 法、瞬变电磁法及电阻率法等[235]。由于顶板覆岩破坏分区的分布特征,其变形位移、地震属性等参数方面有显著的变化,因而可通过这些方法获得覆岩破坏综合特征。但是,关于如何确定覆岩采动裂隙分布状态参数的方法没有得到很好应用,仍然是一个困扰工作面安全高效回采的难题。因此,可试图利用实时先进动态的微震监测技术来定量描述采动裂隙场和瓦斯富集区的空间分布状态。假如可以得到采动时的有效微震活动信息,并分析微破裂的空间分布状态规律,之后,即可借助于所监测的裂隙分布信息实现研究覆岩采动裂隙的发育过程及采动裂隙场的空间分布参数的可能性。

通常,采动效应下煤岩体内部的应力场将会重新分布,导致煤岩体出现了高应力区或应力差高区域,因为微破裂就是高应力的显现,随之煤岩体将发生微破坏,能量以弹性波的形式向周围煤岩内释放,致使微破裂萌发。随着微破裂的不断发育与扩展,逐渐在覆岩内形成采动裂隙场,而当微破裂急剧增多,裂隙场充分发育并完全贯通后,即可确定出采动裂隙场分布参数。此时,由于瓦斯比空气轻,容易产生漂浮,瓦斯不断解吸与积聚,最终在裂隙场的顶部形成瓦斯富集区。最后,借助于确定的分布参数,在采空区沿着工作面倾向方向,抽采钻孔就可以布置到瓦斯富集区内进行瓦斯抽采。因此,假如在工作面覆岩周围煤岩体内布置良好的传感器分布阵列,接收微震定位事件,就能定位出微破裂的空间位置,可以看出,搞清楚微破裂的分布特征并分析其演化规律,是非常关键的,以上就是确定瓦斯富集区并实施瓦斯抽采的分析思路,如图 8-13 所示。

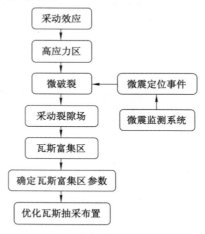

图 8-13　瓦斯富集区确定原理

通常,采动裂隙场是整体的空间概念,如果要确定其分布状态,关键是要考察裂隙发育的高度 A 与宽度 B 这两个参数。另外,参数 C 能反映出工作面回采到一定的阶段时采空区覆岩内裂隙场的发育状态,如图 8-14 所示。

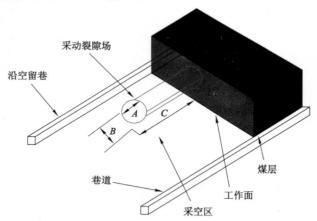

图 8-14　采动裂隙场分布参数

8.5　工程实例分析

以第 4 章中建立的微震监测系统为例,该系统也实现了对 62114 工作面覆岩采动裂隙场形成过程的 24 h 动态连续监测,特别是对采动下覆岩微震活动性进行了分析。通过对收集的有关微震事件数据库的时空定位前兆规律的研究,为探讨开采扰动下高应力诱发覆岩应力场积累、释放、转移的基本规律、揭示采动裂隙场的形成过程中的分布特征并确定其参数提供了可能性。

8.5.1　采动裂隙分布规律在瓦斯抽采中的工程应用

图 8-15 反映了采动下采动裂隙场形成过程中微震事件及其等值密云图的演化规律,由于不同时刻采动裂隙场的形成状态不一样,为了研究的需要和篇幅限制,仅选取典型的 7 月

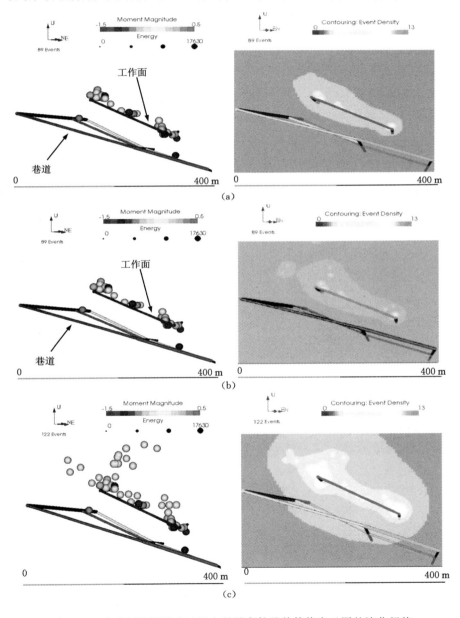

图 8-15　采动裂隙场形成过程中微震事件及其等值密云图的演化规律
(左图为微震事件变化图,右图为微震事件等值密云图,比例尺为 1∶400)
(a) 2009 年 7 月 1～3 日;(b) 2009 年 7 月 1～7 日;(c) 2009 年 7 月 1～12 日

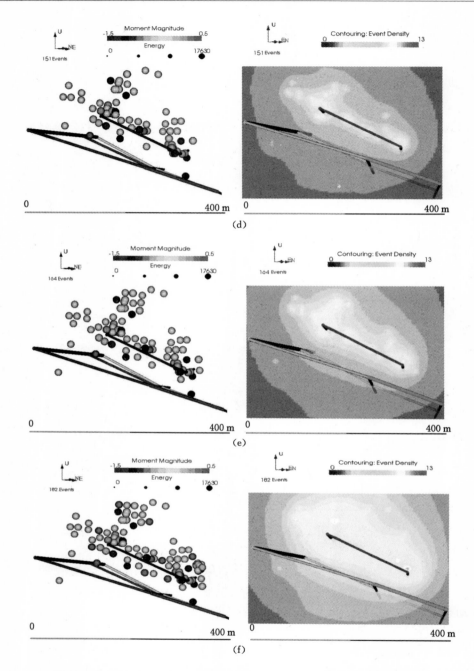

续图 8-15　采动裂隙场形成过程中微震事件及其等值密云图的演化规律

（左图为微震事件变化图，右图为微震事件等值密云图，比例尺为 1：400）

（d）2009 年 7 月 1～17 日；（e）2009 年 7 月 1～21 日；（f）2009 年 7 月 1～25 日

份所监测到的沿工作面倾向方向上微震事件及其等值密云图作为研究目标。微震事件图中，事件形状大小表示事件的能量大小，事件形状越大，表明能量越大，颜色的变化表示矩震级的大小；而等值密云图中，等值线形状与颜色变化代表微震事件密度的分布情况。

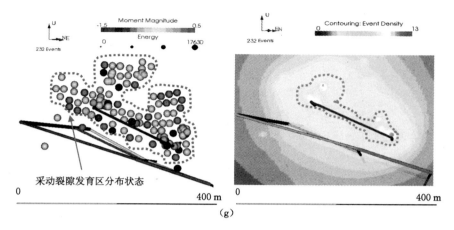

续图 8-15　采动裂隙场形成过程中微震事件及其等值密云图的演化规律

（左图为微震事件变化图，右图为微震事件等值密云图，比例尺为 1：400）

（g）2009 年 7 月 1～31 日

从图 8-15 可以看出，监测期间（7 月份），微震事件由 89 个逐渐增加到 232 个，事件积聚规模也不断地迁移并扩大；对应地，微震事件等值密云图也显示了事件密度的不断变化过程。在 2009 年 7 月 1～3 日期间，89 个微震事件集中在靠近沿空留巷、下巷及工作面上方，采动裂隙场内并没有产生微震事件；同样，等值密云图也反映了在上述所述区域事件密度较大，这说明了采动下覆岩出现了微弱的层间离层裂隙，但采动裂隙现象不明显，如图 8-15（a）所示。在 2009 年 7 月 1～7 日期间，产生了 102 个微震事件，在前期的基础上，此时，事件集中区域明显发生了变化，很明显地在采动裂隙场区域产生了微震事件；同样，等值密云图也说明了在此区域事件密度较大，这就描述了采动裂隙场区域微裂隙开始孕育、扩展，如图 8-15（b）所示。之后，在 2009 年 7 月 1～25 日期间，事件不断增多，由 122 增加到 182 个，在覆岩内产生了大量的事件，特别是采动裂隙场区域内，事件非常明显，并不断堆积延伸，事件密度的范围加大，这就说明采动影响下，覆岩垮落大部分排列规则，并呈微弱弯曲下沉趋势，而采动裂隙不断得到发育，并相互沟通，不断向上及高位发展，以竖向裂隙为主，裂隙发育丰富，如图 8-15（c）～（f）所示。直至 2009 年 7 月 31 日，最后微震事件达到了 232 个，事件累积现象明显，等值密云图事件密度分级更为细化突出，显然，覆岩上方中部裂隙率减少，逐渐呈现压实状态，而采动裂隙场区域内，采动裂隙成跳跃式发展，离层裂隙与竖向裂隙发育成熟，并与下部不规则冒落带相连通，在采动裂隙区形成裂隙发育场，如图 8-15（g）所示。

整个监测期间，沿工作面走向方向上来看，随着工作面的推进，裂隙场不断发育形成，且在采空区覆岩内分别沿工作面倾向方向呈周期性向前发育，再考虑走向方向上的裂隙发育状况，并最终在切眼、沿空留巷与下巷及工作面内侧上方形成采动裂隙场。而且，从整体上来看，该采空区侧采动裂隙场发育形状是不一样的，并呈不规则分布状态，也可看作为一个不规则闭合的"圆柱形横卧体"，整体上近似一个圆环形的裂隙带，而这与前述的"O"形圈[236]与环形裂隙圈[237]的概念是一致的，如图 8-16 所示。

另外，沿工作面倾向方向不同距离内，一个月（2009 年 7 月 1～31 日）内微震事件的集聚程度明显不同，其微震事件整体分布规律，如图 8-17 所示。

从图 8-17 可以看出，在不同的时间段内，随着工作面的向前推进，微震事件数逐渐增

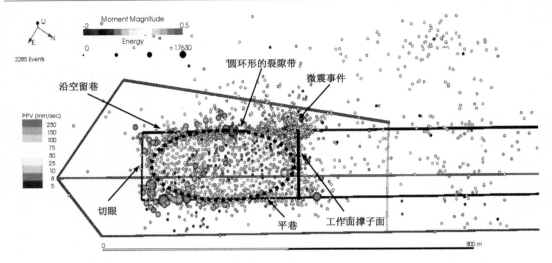

图 8-16　覆岩采动裂隙场的分布特征

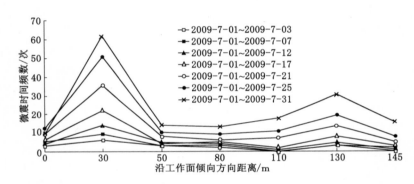

图 8-17　沿倾向方向微震事件分布规律(2009 年 7 月 1 日～31 日)

加,这就说明采动裂隙不断得到孕育、扩展直至发育成熟,最终采动裂隙阶段性形成,然后周期性发展。而且,微震事件分布大致分为三种状况:沿工作面倾向方向自留巷侧开始,在0～50 m 范围之内,微震事件数最多,约集中在 0～65 个之间;在 50～110 m 范围之内,微震事件数最少,约集中在 0～15 个之间;在 110～145 m 范围之内,微震事件数较多,约集中在0～30 个之间。以上现象就说明了靠近留巷侧采动裂隙发育最为明显,微破裂较多,以至采动裂隙场较大;靠近平巷内侧次之,裂隙发育区相对较小,这主要是因为高强度的混凝土沿空留巷充填体的支撑应力引起的;但覆岩中部重新压实区微震事件很少,没有形成裂隙发育区,一段时间内微震事件的分布状态呈现出形如"驼峰"的状态。之后,采动裂隙发育区不断地向前延伸,但其在宽度与高度方向上会稳定下来,将不会发生很大的变化,直至完全形成裂隙场。

另外,在以上阐述的沿工作面走向与倾向方向上采动裂隙演化规律基础上,下面将着重分析覆岩采动裂隙场的分布状态,即深入研究该裂隙场在覆岩内的分布参数,以便能够及时合理地优化卸压瓦斯抽采钻孔的布置。

首先分析参数 C 的变化规律。随着工作面的不断前移,采空区覆岩裂隙不断发育、扩展直至连通。经过量测,该监测区域参数 C 的变化如下:在距离工作面后方约 42 m 之内,属于裂隙场形成过程中的孕育期;42～450 m 之内,属于剧烈期;而在 450 m 之外,属于衰退期,如图 8-18 所示。

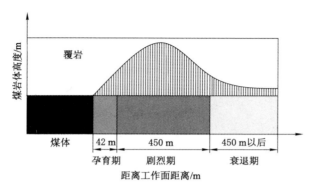

图 8-18 采空区裂隙场演化规律(参数 C)

其次,着重分析参数 A 与 B 的变化规律。图 8-19 给出的是选取的工作面回采期间(2009 年 4～7 月)时间内的采动裂隙场参数 A、B 值的变化情况,参数 A 变化范围较小,大致集中在 25～40 m 之间;而参数 B 变化幅度较大,约集中在 30～50 m 之间。据统计,参数 B 的值比 A 较大,也就是说采动裂隙场水平方向较竖向发育的范围大,如图 8-19(a)所示。而从工作面倾向方向上的采动裂隙场来看,沿空留巷侧覆岩裂隙发育呈竖向且向采空侧发展,竖向裂隙发育区的右边界以 45°左右向偏采空区发展,左边界为采动影响边界线,与煤层底板夹角约为 105°。也就说明采动裂隙场处于在沿空留巷内侧斜上方这样一个"圆环形"的范围之内,其边界大约是:高为参数 A 值(25～40 m);宽为参数 B 值(30～50 m);左边界为采动影响边界线,约为 105°,右边界以 45°左右向偏采空区发展,如图 8-19(b)所示。因此,在工作面采空区覆岩空间内,即可很清晰地描绘出不规则闭合"圆柱形横卧体"裂隙区的分布状态。

以上结果表明:该首采关键卸压层开采后,在采空区上部走向方向上存在一连通的竖向裂隙发育区。该竖向裂隙发育区的存在,为采空区积存的高浓度瓦斯和上覆卸压煤岩层的卸压瓦斯流动提供了流动通道和空间,是采空区高浓度瓦斯富集区域。采空区遗煤解吸瓦斯和上、下邻近煤层卸压瓦斯通过该采动裂隙场流向采空区,并在采空区及其顶板竖向裂隙区内聚集。由于沿空留巷通过密实性支护形成较好的封闭区域,且瓦斯密度小,采空区瓦斯积聚在工作面采空区上部及其上覆岩层卸压竖向裂隙区,易于在工作面采空区竖向裂隙区内形成高浓度瓦斯库。

此外,覆岩内的竖向离层变形及纵向剪切变形产生了大量的采动裂隙,从而在整个覆岩内形成大面积的卸压,以致形成了两种裂隙:一种是离层裂隙,是指随岩层下沉在不同岩性岩层之间出现的沿层面裂隙,它可以使上覆煤层产生膨胀变形而使瓦斯卸压,有利于卸压瓦斯抽采,由此形成保护层卸压开采。另一种是裂隙纵向剪切破断裂隙,是指随岩层下沉破断形成的穿层裂隙,它可沟通上、下岩层间瓦斯和水的通道。

结合以上分析结果,从采动裂隙场的整体分布上来看,各个阶段的裂隙场发育状态是不一样的,并呈不规则分布状态,可看作为一个不规则闭合的"圆柱形横卧体",如图 8-20 所示。卸压层开采后,该"圆柱形横卧体"即是采空侧顶板存在的竖向裂隙发育区,并呈现动态

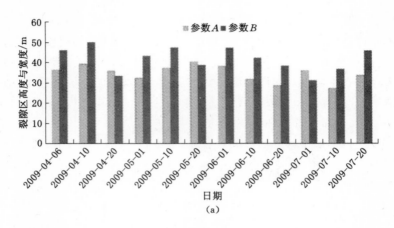

(a)

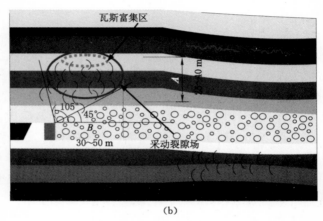

(b)

图 8-19　竖向裂隙发育区演化规律（参数 A 与 B）

（a）参数 A 与 B 值；（b）采动裂隙场

演化。由于瓦斯比重轻，气体上浮，采空区瓦斯易于富集在该"圆柱形横卧体"内，这就为围岩卸压瓦斯和采空区瓦斯积聚的瓦斯提供了良好的储集场所，最终形成了卸压瓦斯富集区。

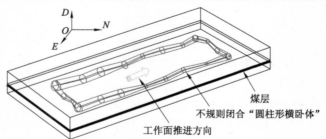

图 8-20　不规则闭合"圆柱形横卧体"采动竖向裂隙区

综上所述，在微震监测期间（2009 年 4～7 月），随着工作面的推进，上述不规则闭合的"圆柱形横卧体"裂隙区不断发育形成，长度会随之跟进，而宽度基本不变。在上下巷道工作面内侧：倾向方向高度 25～40 m；宽度 30～50 m 范围为顶板裂隙完全发育区，并向工作面后方演化延伸,且此裂隙区的高度与宽度会随着开采的进行不断变化,为瓦斯升浮积聚提供空间。之后,根据微震监测的结果,裂隙区空间位置可以被确定,从而就可确定出瓦斯富集区的位置。假如瓦斯抽采钻孔能够准确地打到此区域,高浓度的瓦斯将会被有效地得到抽采。另外,微震监测技术可以对裂隙区的发育演化过程进行 24 h 实时连续的监测,从而为最终的瓦斯抽采钻孔的优化布置方案提供了科学的依据,且可以根据裂隙场位置与尺寸的变化动态地调整钻孔的布置方案和参数。

通常,沿空留巷技术条件下所述的覆岩裂隙区倾向低位瓦斯抽采钻孔布置的参数选取为:钻孔的施工时间在采煤工作面采后 20 m 以后开始施工,成组设置,每组数量不少于 1 个,终孔深度 30～60 m,钻孔直径不小于 90 mm,钻孔偏向工作面的角度 50°～70°,钻孔组间间距 20～25 m。而根据微震监测所确定的不规则闭合的"圆柱形横卧体"裂隙区的实时分布情况(参数 A 与 B),经过几何换算后,对钻孔的终孔位置,尤其是钻孔的孔深与夹角(与工作面水平方向)进行了优化,二者对比结果如表 8-3 所列。

表 8-3　　　　　　　　　倾向低位钻孔参数优化前后结果对比

序号	时间	优化前		优化后	
		孔深/m	夹角/(°)	孔深/m	夹角/(°)
1	2009-04-06	30～60	50～70	63.5	48.1
2	2009-04-10	30～60	50～70	58.7	51.2
3	2009-04-20	30～60	50～70	48.9	57.5
4	2009-05-01	30～60	50～70	53.8	52.9
5	2009-05-10	30～60	50～70	60.0	56.3
6	2009-05-20	30～60	50～70	55.7	60.2
7	2009-06-01	30～60	50～70	60.5	54.1
8	2009-06-10	30～60	50～70	52.7	53.6
9	2009-06-20	30～60	50～70	47.8	47.6
10	2009-07-01	30～60	50～70	47.5	61.3
11	2009-07-10	30～60	50～70	45.5	52.6
12	2009-07-20	30～60	50～70	56.6	50.9

8.5.2　采动裂隙分布规律在瓦斯抽采中应用的效果检验

62114 工作面在 2009 年 4～7 月回采期间,日平均进尺约 3 m,总进尺达到了 381.3 m,而该段时期内累计回采了 322.1 m,如图 8-21 所示。可见,虽然对顶板倾向低位抽采钻孔进行了优化,但并没有影响到工作面的回采进度。此外,分别选取该面沿空留巷(风巷)沿倾向方向顶板低位钻孔的卸压瓦斯抽采量与抽采浓度作为考察对象。图 8-22 说明了 2009 年 4～7 月回采期间瓦斯抽采量与抽采浓度的变化规律。从图中可以看出,抽采量基本在 5～15 m³/min,而抽采瓦斯浓度为 20%～45%。

另外,通过瓦斯抽采参数的比对发现,采取钻孔参数优化措施后(2009 年 4～7 月),该面低位钻孔的抽采量(5～15 m³/min)明显多于类似条件下的抽采量(3～8 m³/min);抽采瓦斯浓度 20%～45%也高于类似条件下的瓦斯浓度(多小于 30%)。经过二者对比后不难

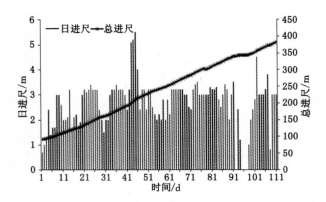

图 8-21　62114 工作面回采的基本状况（2009 年 4～7 月）

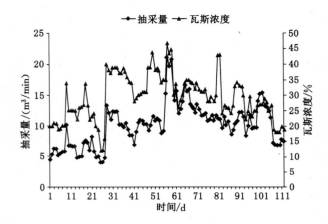

图 8-22　倾向低位钻孔瓦斯抽采基本情况（2009 年 4～7 月）

看出，经过优化后的倾向低位钻孔瓦斯抽采效果较为明显，实现了覆岩不规则闭合"圆柱形横卧体"采动竖向裂隙区内卸压瓦斯的有效抽采，间接地预警了突出危险性，取得了良好的安全生产效果。

8.6　本章小结

本章主要通过理论分析、数值模拟、"分形—岩石力学"理论应用以及现场工业性试验等方法开展了采动影响下采场覆岩破坏规律、卸压开采机理与采动裂隙演化规律及其在瓦斯抽采中应用方面的研究工作，主要内容如下：

（1）在煤矿开采沉陷学理论的基础上，深入阐述了覆岩破坏的"横三区竖三带"基本特征及其确定方法，详细分析了工作面前方覆岩支承压力与裂隙的分布规律，并着重解释了采动裂隙"O"形圈基本原理，重点说明了工作面侧的离层区是随着工作面开采而不断前移的，在采空区四周存在一个沿层面横向连通的裂隙发育区，称之为采动裂隙"O"形圈，且试验统计的"O"形圈的宽度约为 34 m。

（2）结合覆岩破坏的基本理论，建立了采动覆岩的力学模型，并采用数值模拟的方法对覆岩采动裂隙的初始萌发、扩展直至宏观裂纹贯通的过程及其声发射、能量的动态演化规律进行了详细的分析,以 62113 工作面回采期间覆岩实时垮落过程中的微破裂分布为例,运用分形几何理论,深入地研究了覆岩采动裂隙的分维数变化规律,定量地描述了覆岩破坏是一个降维有序、耗散结构的发展过程,认为分形维数随工作面推进经历了由小→大→小并趋于稳定的两个阶段变化过程,而且工作面的回采步骤距离 L 与覆岩采动裂隙分维数 D 之间呈三次曲线的函数关系。

(3) 重点揭示了沿空留巷首采卸压层钻孔法瓦斯抽采机理,着重说明了覆岩瓦斯富集区的确定原理及采动裂隙场的考察参数,运用已建立的微震监测系统,以 62114 工作面覆岩采动裂隙场的演化特征为例,详细分析了覆岩采动裂隙的分布特征,认为覆岩竖向裂隙区呈不规则分布状态,可看作为一个不规则闭合的“圆柱形横卧体”,依据裂隙区分布参数的变化规律对顶板倾向低位钻孔的孔深与夹角进行了优化,并结合钻孔瓦斯抽采量与瓦斯浓度对优化方案进行了检验,结果表明,瓦斯抽采量与抽采瓦斯浓度指标都明显高于类似条件下的数值,取得了很好的抽采效果。

9 地面煤层气水力压裂钻孔间
裂缝形成规律分析

9.1 概　　述

煤层气不同于常规天然气,必须要用不同于常规天然气的理论和方法来指导煤层气的勘探开发。首先,煤层气在地球化学特征、储集性能、成藏机制、流动机理、气井产量动态等方面与常规天然气有明显差别。天然气在储层中主要以游离状态存在,易于采出;煤层气在煤层中主要为吸附状态,其开采必须经历解吸过程并通过扩散和渗流后才能由井筒产出[238-240]。这样,解吸速率、扩散速率和渗流速率均影响煤层气的产量。其次,我国煤层气储层具有独特性,由于成煤期后构造破坏强烈,构造煤发育,所以具有煤层储层低含气饱和度、低渗透率、低压力的"三低"特性;储层的原地应力比较大;且具有非常强烈的非均质性。在目前的技术条件下,对"三低"煤层气的开采比较困难。

针对以上问题,要想提高煤层气井产能,煤层中应具有长度较大、连通性较好的裂隙系统,即需要进行压裂。除个别具有较高天然渗透性的区域外,煤层气生产井一般都需要进行压裂,以便形成工业性气流。然而,由于煤储层不同于常规砂岩储层,具有低杨氏模量、高泊松比、高滤失等特点,所以煤层气井的压裂工艺设计和施工都较难实施。此外,煤层发育大量割理,比表面积大,具有强吸附性,用于常规油气储层压裂的压裂液会对煤层产生较大的堵塞伤害,所以煤层气井一般选用活性水压裂液[241-244]。而活性水的黏度低,携砂能力有限,且压裂多形成复杂的裂缝网络,降低了裂缝的导流能力。为了提高压裂液的携砂能力,考虑采用 CO_2、N_2 等气体进行伴注的工艺技术,同时还可以增加压后排液的能量,使压裂液易于返排。水力压裂是改造煤层气藏的重要手段,水力裂缝在煤层气开发中起着非常重要的作用[245-246]。但是,在水力压裂工艺中,如果缺少监测水力裂缝几何参数的技术手段,将会直接影响着水力压裂的成败,应用微震法监测水力裂缝的几何参数,对评价人工造缝效果,指导压裂工艺的确定和实施具有极为重要的意义。

9.2 水力压裂致裂原理及特点

压裂过程可表述为:在固井射孔后,采用密封措施把井筒作为一个密闭系统,在地面采用高压大排量的泵,利用液体传压的原理,将具有一定黏度的液体,以大于煤储层吸收能力的速度向煤储层注入,使井筒内压力逐渐增高。随着外来力量的增加,在克服了煤层本身破裂时所需要的能量后,煤层在最薄弱的地方开始破裂,之后,劈开形成了一条或几条裂缝[247-249]。继续向储层注入压裂液,裂缝就会继续向储层内部扩张,当把煤储层压出许多裂缝后,为了保持压开的裂缝处于张开状态,接着向储层加入带有支撑剂(通常为石英砂)的携砂液,携砂液进入裂缝之后,一方面可以使裂缝继续向前延伸;另一方面可以支撑已经压开的裂缝,使其不至于闭合。再接着注入顶替液,将井筒的携砂液全部顶替进入裂缝,用支撑剂(通常为石英砂)将裂缝支撑起来,使储层与井筒之间建立起一条新的流体通道。

水力压裂时包括三个主要技术环节:一是在煤层中劈开裂缝;二是把劈开的裂缝通过支撑剂支撑;三是把井筒中的支撑剂顶替到煤层中。

对于煤岩水力压裂而言,起裂机理是一个核心问题。煤岩材料在水力作用下的起裂可以分为剪切机理和张拉机理。

9.2.1 剪切机理

考虑平面情况如图 9-1 所示。按水压致裂一般性假设,注水圆孔轴向与一主应力方向重合,且该方向不是最小主应力方向。井孔径向水平方向和竖直方向分别作用有远场应力 σ_h 和 σ_v,圆孔半径为 R。

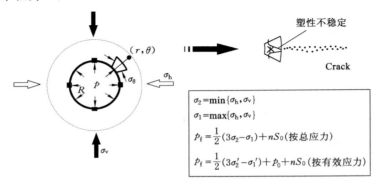

$$\sigma_2 = \min\{\sigma_h, \sigma_v\}$$
$$\sigma_1 = \max\{\sigma_h, \sigma_v\}$$
$$p_f = \frac{1}{2}(3\sigma_2 - \sigma_1) + nS_0 \text{(按总应力)}$$
$$p_f = \frac{1}{2}(3\sigma_2' - \sigma_1') + p_0 + nS_0 \text{(按有效应力)}$$

图 9-1 剪切裂纹机理

按极坐标下的弹性理论可以求得半径为 r 处的弹性应力场(压应力为正)为:

$$
\begin{cases}
\sigma_r = \dfrac{\sigma_1 + \sigma_2}{2}\left(1 - \dfrac{R^2}{r^2}\right) + \dfrac{\sigma_1 - \sigma_2}{2}\left(1 - \dfrac{4R^2}{r^2} + \dfrac{3R^4}{r^4}\right)\cos 2\theta \\[2mm]
\sigma_\theta = \dfrac{\sigma_1 + \sigma_2}{2}\left(1 + \dfrac{R^2}{r^2}\right) - \dfrac{\sigma_1 - \sigma_2}{2}\left(1 + \dfrac{3R^4}{r^4}\right)\cos 2\theta \\[2mm]
\sigma_{r\theta} = -\dfrac{\sigma_1 - \sigma_2}{2}\left(1 + \dfrac{2R^2}{r^2} - \dfrac{3R^4}{r^4}\right)\sin 2\theta
\end{cases}
\tag{9-1}
$$

其中,最小主应力 $\sigma_2 = \min\{\sigma_h, \sigma_v\}$;最大主应力 $\sigma_1 = \max\{\sigma_h, \sigma_v\}$。

对于孔壁上,$r = R$,有:

$$
\begin{cases}
\sigma_r = 0 \\
\sigma_{r\theta} = 0 \\
\sigma_\theta = (\sigma_1 + \sigma_2) - 2(\sigma_1 - \sigma_2)\cos 2\theta
\end{cases}
\tag{9-2}
$$

显然,当 $\theta = 0$ 或 π 时,σ_θ 取极小值,且当孔内有水压力 p 作用时,有:

$$
\begin{cases}
\sigma_r = p \\
\sigma_\theta = 3\sigma_2 - \sigma_1 - p
\end{cases}
\tag{9-3}
$$

裂纹起裂的剪切机理通常适用于(黏)土质材料,在无拉伸强度土体或是达到抗拉强度的胶结土体中,当周向应力减少时则可能发生剪切屈服。事实上,岩石孔壁也可能在三个压主应力状态和岩石特定参数条件下发生剪切破坏。图 9-2 给出了采用膨润土泥浆砂试样进行水力压裂后形成的剪切裂纹形貌。同时研究表明发生的剪切起裂，当压裂液进入剪切裂缝后将继而发生张拉破坏。

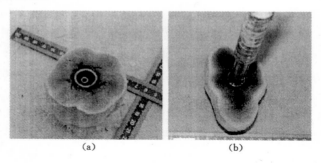

(a)　　　　　　　　　(b)

图 9-2　膨润土泥浆砂试样水力压裂

(a) 剪切裂纹；(b) 拉伸裂纹

如应力状态满足 MC 准则，有：

$$\sigma_1 - \sigma_2 = 2S_0 \tag{9-4}$$

其中，S_0 为岩土体不排水抗剪强度。随着孔内水压力 p 的增加，孔周最高应力差区域会率先满足屈服条件，从而进入塑性状态，塑性不稳定变形增加形成裂纹。如图 9-2 所示，当不知道最小主应力方向时最初的起裂点（最大剪应力的位置）可能出现在孔壁正交的四个位置上，这与主应力具体方向有关。当最小主应力方向确定，起裂位置会发生在与最小主应力垂直的孔壁两个轴对称位置。

一般地，当考虑有初始孔隙水压力 p_0 存在时，起裂注水压力 p_f 可表示为：

$$\begin{cases} p_f = \dfrac{1}{2}(3\sigma_2 - \sigma_1) + nS_0 \text{（按总应力）} \\ p_f = \dfrac{1}{2}(3\sigma'_2 - \sigma'_1) + p_0 + nS_0 \text{（按有效应力）} \end{cases} \tag{9-5}$$

其中，n 为一与孔的大小和塑性区有关的常数。

9.2.2　张拉机理

对于岩石来说，通常认为起裂是张拉机理。对于弹性平面圆孔模型，如图 9-3 所示。

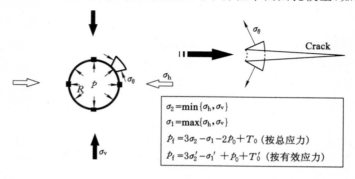

$\sigma_2 = \min\{\sigma_h, \sigma_v\}$
$\sigma_1 = \max\{\sigma_h, \sigma_v\}$
$p_f = 3\sigma_2 - \sigma_1 - 2p_0 + T_0$（按总应力）
$p_f = 3\sigma'_2 - \sigma'_1 + p_0 + T'_0$（按有效应力）

图 9-3　拉伸裂纹机理

当周向最大拉应力 σ_θ 达到岩石最大抗拉强度 T_0 时的压力值即为起裂压力 p_f。因此，孔壁周围发生张裂（I 型裂纹）的条件为：

$$p_f = 3\sigma_2 - \sigma_1 + T_0 \tag{9-6}$$

类似地，当最小主应力方向确定，起裂位置和张裂面一定通过最大主应力轴，且与最小主应力方向垂直。图 9-2(b) 给出了采用膨润土泥浆砂试样进行水力压裂后得到的张拉裂纹形貌。

一般地，当考虑有初始孔隙水压力 p_0 存在时，起裂压力 p_f 可表示为：

$$\begin{cases} p_f = 3\sigma_2 - \sigma_1 - 2p_0 + T_0（按总应力） \\ p_f = 3\sigma_2 - \sigma_1 - 2p_0 + T_0'（按有效应力） \end{cases} \tag{9-7}$$

其中，T_0' 为岩石有效抗拉强度。

特别地，当最小主应力 σ_3 与圆孔的轴线方向重合，此时只要增加封闭段的水压力 p，使得：

$$p_f = \sigma_3 + T_0 \tag{9-8}$$

就会发生张性起裂。因为破裂面与最小主应力面垂直，所以破裂面与所分析平面重合。

9.2.3 煤层气垂直井水力压裂裂缝形态的主要影响因素

根据以上水力压裂原理和裂缝起裂力学机理，可分析水力压裂裂缝形态的主要影响因素。由于压裂后裂缝的空间展布是进行压裂后渗透率预测的基础，裂缝形态包括裂缝的长度、宽度、高度和方位。水力压裂的对象是煤层，因此煤层本身的性质是影响裂缝形态的重要因素之一。压裂裂缝形态的研究是一个空间概念，因此上下围岩性质及与煤层性质的组合关系对裂缝形态影响也比较大。同时，水力压裂是煤层克服排聚力而发育增生，裂缝总是趋于弱面进行破裂延伸，地质构造的作用使各个方向上力的作用发生了很大变化，因此，地应力也是影响水力压裂裂缝形态的重要因素之一；压裂过程在人为干预下施工，施工工艺不同，裂缝延伸长度和方位也将有所不同。综上可见，影响水力压裂裂缝形态的因素可以从地质因素、上下围岩性质及与煤岩性质组合关系、煤体结构、施工工艺参数等几个方面分析。

（1）地应力对裂缝形态的影响。地应力是存在与地层中的未受工程扰动的天然应力，多年来人们对地应力的实测和研究分析表明，地应力的形成主要与地球的构造运动有关，其中，构造应力场和重力应力场常常处于优势地位。

天然状态下的岩石，受到九个方向的应力作用。在构造无明显扭转或剪切运动的地区，往往忽略剪切应力，一般仅考虑三个方向的主应力，即两个水平主应力，一个垂直主应力。

当水平方向的主应力为最小时，压裂时液体容易克服垂直方向的排聚力，所以易形成垂直缝；当垂直方向的主应力为最小时，压裂时液体容易克服水平方向的排聚力，容易形成水平缝。

（2）上下围岩与煤岩组合关系对裂缝形态的影响。压裂时，由于上下围岩与煤岩破裂压力的不同，产生的裂缝形态也不同。上下围岩与煤层的组合关系大致可以分为以下四种情况：

① 上下围岩破裂压力明显大于煤岩破裂压力；

② 上下围岩破裂压力与煤岩破裂压力大致相当；

③ 上下围岩破裂压力小于煤层破裂压力；

④ 软硬变层频繁地层。

（3）煤岩性质对裂缝形态的影响。煤层不同于常规砂岩油气藏储层，煤层的天然裂缝发育,基质中存在大量节理,即使在同一地区,煤层中裂缝的方向并不完全一致,加之煤层杨氏模量小、泊松比大,所以煤层的裂缝扩展极其复杂,呈现大量的不规则裂缝。

(4) 压裂施工作业对裂缝形态的影响。压裂施工作业主要包括压裂规模、压裂施工排量、泵注方式等。

① 压裂规模。压裂规模越大,就意味着进入煤层的外来物质越多,裂缝在长度、宽度及高度三维方向均有不同程度的扩展,特别在长度方向延伸较大。

② 压裂施工排量。压裂施工排量的增加不可避免地造成裂缝净压力升高,从而引起裂缝高度、长度及宽度的变化,尤其对高度影响较大。

③ 泵注方式。对不同储层条件、地质条件、施工条件进行综合分析,是研究泵注方式对合理的裂缝形态模型的基础。

9.3 地面水力压裂微震系统设计

9.3.1 监测设备

微震监测技术用于监测岩体在变形和断裂破坏过程中以微弱地震(里氏三级以下)波的形式发生的微震事件。微震监测系统主要包括三个部分:传感器、Paladin 数字信号采集系统、Hyperion 地面数字信号处理系统以及由西安科技大学开发基于远程网络传输的MMVTS 三维可视化软件,如图 9-4 所示。

图 9-4　微震监测系统组成单元

ESG,全称 Engineering Seismology Group(地震工程集团)。1993 年与以办学历史悠久,科学技术领先而著称的加拿大皇后大学共同合作,创立企业,致力于矿山微震系统的开发和研究。发展至今企业有煤矿安全、微震等各类专家 28 位,有百余位优秀技术工程师遍布全球。历经 17 年的发展,ESG 公司研发生产的 MMS(Microseismic Monitoring System)微震系统已发展至第七代产品。目前 ESG 公司产品以其良好信誉,卓越的技术在美国、澳大利亚、亚洲及欧洲得到广泛认同和应用。

微震监测系统可以实时 24 h 连续监测,获取大量微震事件的时空坐标、误差、震级以及能量等多项震源参数(图 9-5),并对采集的数据进行滤波处理,提供用户震源信息的完整波形与波谱分析图,自动识别微震事件类型,通过滤波处理、设定阈值、带宽检波排除噪声事件。MMVTS 为用户提供中文界面操作,与三维地质模型相结合,实现远程 GPRS 网络微震数据传输,帮助用户对微震事件时空分布规律进行分析并做出科学决策。

采用网络启动,多站点配置运行,通过局域网或远程无线网络,提供 24 位模数转换的信号处理能力,是低耗电,耐震数字化仪,内置自动校准功能,具备软件运行与系统健康状态诊

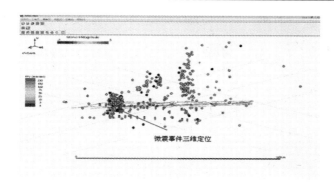

图 9-5　微震事件三维空间震源定位

断的自动监视。基于标准以太网通信,TCP/IP 协议自动传导实现远程网络采集触发与连续数据。基于 Linux 操作平台的数据采集软件与基于 Windows XP 操作平台的终端数据处理软件相互结合,使微震监测数据处理与微震事件 MMVTS 三维可视化软件无缝结合形成 ESG 微震监测系统。

　　为了使整套系统的安装能够顺利进行,安装过程中还需要准备以下物品:钢笔或圆珠笔、标签、手套、螺丝刀、螺纹钢筋(20 cm)、胶带、真空脂、环氧树脂、快速凝固剂、带有耦合器的光端盒、HUB 交换机等。项目安装所需器材清单见表 9-1,部分器材实物如图 9-6 所示。

表 9-1　　　　　　　　　　　　**系统安装所需器材清单**

名称	数量	单位	备注
传感器电缆	12 000	m	按要求向厂家定制
光缆	5 000	m	单模四芯
收发器	12	个	单模
网线	50	m	
电力电缆	10	m	3 芯 220 V
稳压器	3	台	井下用,进一步商讨
UPS	1	台	地面用,进一步商讨
锚杆树脂	30	根	3～4 min 的凝固时间
多功能插排	6	个	
电缆标志牌	若干	个	

9.3.2　微震传感器布置

　　很多微震监测系统在建立时,采取直接从地表往井下压裂区域竖直方向布置传感器的方法,这种传感器安装方式往往受到压裂井深度的增加而受到很大的限制,显然不经济且不易操作;也有系统的传感器采取埋设在压裂井附近固体物体上的方式,以致会因传输载体的突然变化造成信号传输受到很大干扰而影响监测效果。因此,这些安装方式操作复杂,安装成本高,灵活性不强,信号传输受载体的变化会衰减很大,传感器易脱落等,不能从根本上解决问题。

　　为避免上述已有技术所存在的不足之处,对传感器安装装置及其安装方法进行了改进,

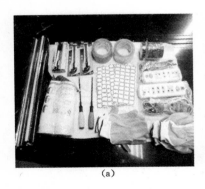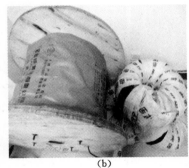

(a)   (b)

图 9-6   试验现场系统安装所用器材

提供一种微震监测系统传感器的安装方法及装置,保证传感器与煤岩壁耦合紧密,微震信号能够直接被传感器接收,同时提高安装效率,节省安装成本,从而解决目前很多系统传感器安装的不足。

在现场条件满足的情况下,每次试验需要提供 6 个监测井,以便安装传感器(6 个),监测孔布置采区"包围"压裂孔的形式,监测孔距压裂孔的距离以不超过 300 m 为宜,监测孔露头处应有钢套管,以便传感器连接。安装传感器时,尽可能地实现立体布置,以实现对首采面的"包围"监测,从而提高系统监测精度,如图 9-7 所示。

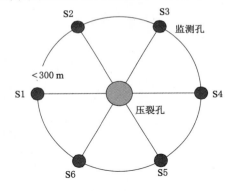

图 9-7   传感器安装布置图

传感器安装要求:传感器低端螺帽通过锚固树脂贴在井筒外壁上,锚固树脂由纸杯成型托起,从而保证传感器能够不受到监测井周围生产活动产生的噪声影响。由于微震活动随着水力压裂的进行而不断改变,为了以后能重复利用传感器,该系统采用可回收式安装。安装传感器前,应在压裂井上安装测试传感器,确保传感器工作正常。安装时需要以下物品:专用安装杆、纸杯、螺栓、工具刀、胶带、锚杆树脂、螺丝刀等,现场安装如图 9-8 所示。

9.3.3 微震信号传输

在微震监测系统中,信号传输是整个系统的一个至关重要的环节,选择何种介质和设备传送控制信号将直接关系监控系统的质量和可靠性。目前,在微震监控系统中用来传输信号的介质主要有电话线和光纤,对应的信号转换设备分别是调制解调器和收发器。电话线是较早使用的,后来,由于远距离、大范围监控和工程现场的需要,监控网络中开始使用光纤

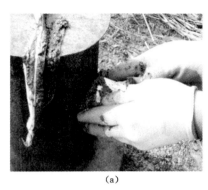

(a)　　　　　　　　　　　　　　　(b)

图 9-8　传感器现场安装

来传输信号。每个微震监控工程都有其自身的特点和特殊性,因此在组建监控网络时需要充分考虑这些具体情况,选用最为合适的信号传输模式。鉴于电话线和光纤是目前微震监控系统中使用最广的两种传输介质,需要对它们的特点作一些分析和比较。

　　根据工程现场条件,选择合适的组网结构方式是非常重要的,将直接影响到微震系统的建设周期、建设成本、信号传输路径的优化及后期维护管理。常见的微震监测网络建构方式有三种:总线型、星型和混合型,如图 9-9 所示。

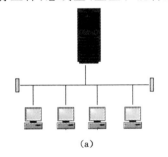
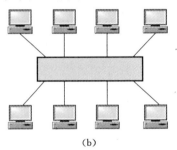
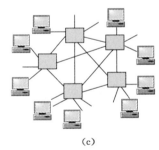

(a)　　　　　　　　　　　(b)　　　　　　　　　　　(c)

图 9-9　网络建构模式
(a) 总线型;(b) 星型;(c) 混合型

　　本系统优先选择了总线型网络模式,在这种网络结构中,微震数据采集系统直接与总线相连,它所采用的介质一般也是光缆作为总线型传输介质的,这种结构具有以下几个方面的特点:这样的结构根本不需要另外的互联设备,是直接通过一条总线进行连接,所以组网费用较低;这种网络因为各节点是共用总线带宽的,所以在传输速度上会随着接入微震数据采集系统的增多而下降;扩展较灵活;需要扩展时只需要添加一个接续包即可;这种网络拓扑结构的缺点是维护较困难,单个节点失效不影响整个网络的正常通信。

　　传感器通过一对 20AWG(American Wire Gage standard)、带有铝线圈的屏蔽线铜电缆连接到 Paladin 系统上。传感器附带的电缆线长度(10 m)有限,需要购买同类型号的传感器电缆,型号及规格为 20AWG,带铝线圈的双绞屏蔽铜电缆,总共需要此型号电缆 12 根,且每根总长小于 500 m,总共布设了 6 000 m。电缆布设及其连接,如图 9-10 所示。

　　微震监测平台设在压裂井附近现场,主机系统包括三个部分:发电机、主机处理系统和数据库发射终端,如图 9-11 所示。

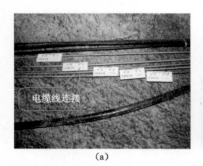

(a)　　　　　　　　　　　　　(b)

图 9-10　电缆布设及其连接图

图 9-11　现场微震监测平台

9.3.4　微震监测系统设置

在系统设备硬件安装完之后,PC 主机上安装 ESG 系统自带的一套数据采集记录分析软件。软件的操作流程如下:把模型导入三维可视化软件 SeisVis→HNAS 信号实时采集与记录→WaveVis 波形查看与处理→事件时间范围查看→事件人工处理→Spectr 波谱分析→DB-Eidtor 数据过滤及报告生成。

电脑 HNAS 上显示红色,表明网络不通,核实能否 PING 通井下电脑及访问局域网,检查网线连接是否良好,重新拔插网线,检查调度室交换机,收发器工作是否正常;电脑 HNAS 上的黄色区域不能处理,检查是否在 HNAS 设置了自动处理事件;电脑 HNAS 上出现橙色区域,表明数据传输不同步,检查 Paladin 的 time 选项下及电脑的 IP 及子网掩码,数据端口的设置是否正确;按住 Paladin 约 10 s,待指示灯全部闪烁 5 下,即表明已经重启,随后重新设置各参数及时间同步选项,重启 HNAS,点击"set station time to PC"。等待 20~30 min,待"Diagnostics"选项下的 NTP 显示"ok",并且 HNAS 中有绿色区域出现,即表明时间同步 Paladin 设置成功。

微震监测系统是独立的数据采集系统,采集电脑及 Paladin 系统与局域网断开,不得随意改变系统组件的 IP 地址,防止病毒侵入;主机上除现在已经安装的软件,不能安装其他任何软件,包括杀毒软件;电脑上的文件夹不能设置为完全共享;重启设置 Paladin,按住 Paladin 约 10 s,待指示灯全部闪烁 5 下,即已经重启。重启后,Paladin 的 IP 复位到192.168.1.254,要一个一个设置 Paladin 的 IP;井上电脑连接局域网或 Internet 使用第二个网卡；拷出 Windows 目录下的 license.cfg 文件。在重新安装 Windows XP 与 ESG 系统情况下，把 license.cfg 文件放回 Windows 目录下，ESG 系统才可使用；数据要定时拷贝出来，包括：XZZ 文件夹、seismic、mdb、hnas、mdb，防止数据在操作不当的情形下丢失；系统要专人专管，且不要在局域网内其他电脑上随意登陆井下电脑。

在系统建立、调试运行后，监测数据的后处理分析是至关重要的。数据的号程管理需要制度和人员来保障，经验丰富的微震分析人员才能保证监测工作的正常进行。首先在分析和预测前，要对实时监测的微震定位事件进行人工重新定位处理和有效微震信号的识别，才能最终提高系统监测定位的精度，从而保证下面的分析预测工作的可靠性。

虽然采取基于光纤传输的总线型网络能使微震信号传输及时、保真、正常，但是，每天定期对接收到的微震事件进行重新定位，提高监测精度是必要的。从图 9-12 可以看出，微震定位事件经过人工波形处理后，得到了重新定位后的微震事件，该微震事件被定位移到了微震事件集中区域，较好地满足了精度要求。

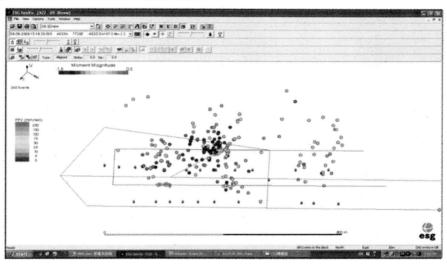

图 9-12　微震事件人工重新定位处理情况

9.4　工程实例分析

9.4.1　高河矿华高 18 压裂井监测分析

该压裂井采用活性水＋石英砂压裂工艺，在水力压裂过程中进行裂缝实时监测，正式压裂从 17：05 开始，19：07 结束，压裂时间持续 122 min，由裂缝三维定位系统和微震信号实时传输系统获得压裂过程中裂缝扩展规律如图 9-13 所示。

由图 9-13 得知，在压裂进行 25 min 内几乎无明显压裂裂缝形成及微震信号传输，该压裂过程处于压裂液灌注原有节理裂隙阶段；压裂进行 25～40 min 时，在压裂井周围开始形成较为集中的裂缝群，同时在压裂井远端也有少数裂缝形成，这是由于水压力挤压传递致使远端岩石弱面区开始破裂，该压裂过程处于裂隙萌生伴随水压力积聚阶段；压裂进行 40～55 min 时，在积聚水压力的作用下裂缝扩展明显，主裂缝显现；当压裂进行到 55～70 min

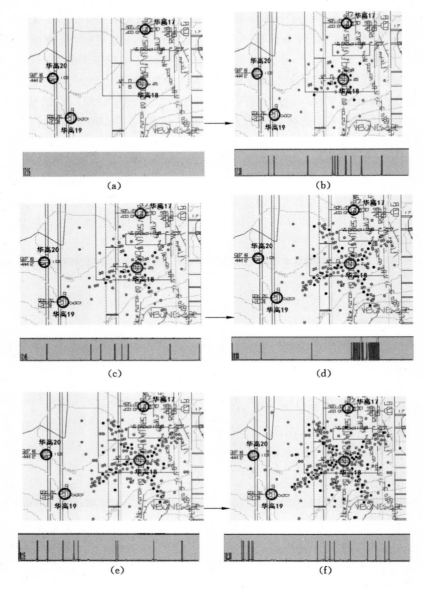

图 9-13　华高 18 压裂井实时监测压裂裂缝扩展形态及微震信号传输

（a）压裂 0～25 min；（b）压裂 25～40 min；（c）压裂 40～55 min；

（d）压裂 55～70 min；（e）压裂 70～85 min；（f）压裂 85～122 min

时，由微震信号传输图可以看到有密集的信号主裂隙带形成；压裂进行 70～85 min，压裂液灌注于裂隙区并在水压力作用下产生次生裂隙，但受到煤岩体不均质因素影响，压裂作用受到一定程度上抑制，同时也是新的水压力积聚阶段；压裂进行 85 min 到结束过程中，积聚在裂隙带里的水压力释放并形成整个裂缝扩展范围，压裂结束。

　　对比前面的数值模拟结果，该压裂过程中裂隙的扩展规律与模拟结果相符，对整个裂缝形成区域进行统计见表 9-2。

表 9-2		高河矿华高 18 压裂井裂缝长度及方位角					
序号	1	2	3	4	最长裂缝	最短裂缝	平均裂缝长度
裂缝长度/m	140.2	103.8	100.5	104.2	140.2	100.5	112.1
裂缝方位角	南偏西 62°	北偏西 36°	北偏东 54°	南偏东 31°	编号:高河矿华高 18		

由表 9-2 得知,高河矿华高 18 压裂井采用活性水+石英砂的压裂工艺进行压裂后,主裂缝最长裂缝达到 140.2 m,最短裂缝有 100.5 m,平均裂缝长度为 112.1 m,主裂缝呈"十字交叉形",如图 9-14 所示。

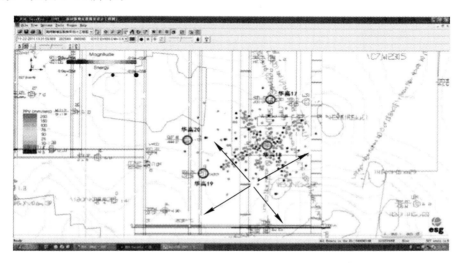

图 9-14 高河矿华高 18 压裂井裂缝扩展形态

9.4.2 高河矿华高 149 压裂井监测分析

该压裂井采用活性水+石英砂压裂工艺,在水力压裂过程中进行裂缝实时监测,正式压裂从 16:30 开始,18:28 结束,压裂时间持续 118 min,由裂缝三维定位系统和微震信号实时传输系统获得压裂过程中裂缝扩展规律如图 9-15 所示。

由图 9-15(a)、(b)得知,在压裂进行 27 min 内几乎无明显压裂裂缝形成及微震信号传输,该压裂过程处于压裂液灌注原有节理裂隙阶段;压裂进行第 28～29 min 时,在压裂井周围发生一次小范围裂缝扩展,之后的压裂 30～39 min 内无微震信号的传输,表明该阶段是第一次水压力积聚过程;压裂进行 40～60 min 内,在整个压裂井传感器布置区域内产生大量较弱信号的微裂缝,且分布稀疏,这是由于前面积聚的水压力通过挤压作用对远端强度较低的煤岩体施加力使之产生微裂缝或使原有裂缝节理扩展,但该过程的水压力积聚程度不足以使质地较好的煤岩体发生破裂;压裂进行 60～75 min 时,产生较大裂缝,并萌生了主裂缝;压裂进行到 75～90 min 时,积聚的水压力释放,形成了主裂缝;在压裂进行 90 min 直到结束,水压力又经过第二次的积聚并迅速释放产生了压裂区域内贯通裂缝,压裂结束。对整个该压裂井裂缝形成区域进行统计见表 9-3。

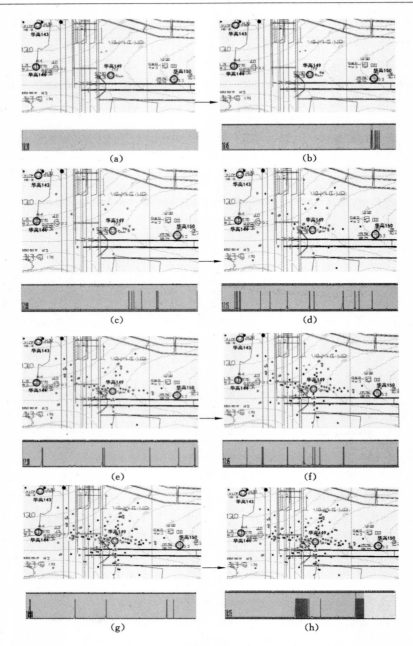

图 9-15　华高 149 压裂井实时监测压裂裂缝扩展形态及微震信号传输

（a）压裂 0～15 min；（b）压裂 15～30 min；（c）压裂 30～45 min；（d）压裂 45～60 min；

（e）压裂 60～75 min；（f）压裂 75～90 min；（g）压裂 90～105 min；（h）压裂 105～118 min

表 9-3　　　　　　　　　高河矿华高 149 压裂井裂缝长度及方位角

序号	1	2	3	4	5	最长裂缝	最短裂缝	平均裂缝长度
裂缝长度/m	132.5	98.7	110.7	89.1	103.7	132.5	89.1	109.9
裂缝方位角	北偏西84°	北偏东15°	南偏东83°	南偏东10°	南偏西55°	编号:高河矿华高149		

由表 9-3 得知,高河矿华高 149 压裂井采用活性水+石英砂的压裂工艺进行压裂后,主裂缝最长裂缝达到 132.5 m,最短裂缝有 89.1 m,平均裂缝长度为 109.9 m,主裂缝呈以压裂井为中心的辐射状,如图 9-16 所示。

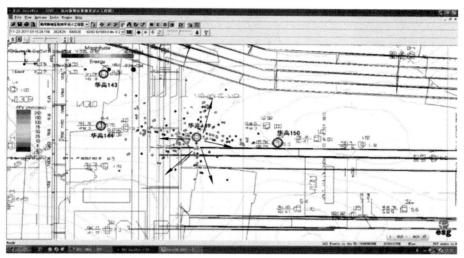

图 9-16　高河矿华高 149 压裂井裂缝扩展形态

9.4.3　漳村矿 2702-57 压裂井监测分析

该压裂井采用活性水+氮气伴注+石英砂压裂工艺,在水力压裂过程中进行裂缝实时监测,正式压裂从 17:00 开始,18:59 结束,压裂时间持续 119 min,由裂缝三维定位系统和微震信号实时传输系统获得压裂过程中裂缝扩展规律如图 9-17 所示。

由图 9-17 得知,在压裂进行 19 min 内几乎无明显压裂裂缝形成及微震信号传输,该压裂过程处于压裂液灌注原有节理裂隙阶段;压裂进行 20~30 min 时,在压裂井周围产生大小不一的裂缝,同时在压裂井西北方位远端也有较大裂缝形成,表明在压裂井压裂前西北方位存在原有节理裂隙,在水压力挤压破裂;压裂进行 30~60 min 时,裂缝扩展范围将近遍布

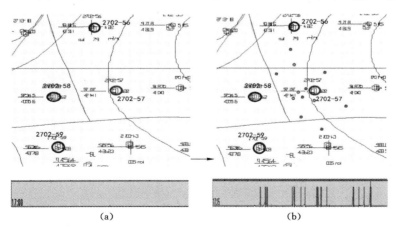

(a)　　　　　　　　　　　　(b)

图 9-17　漳村 2702-57 压裂井实时监测压裂裂缝扩展形态及微震信号传输

(a) 压裂 0~15 min;(b) 压裂 15~30 min

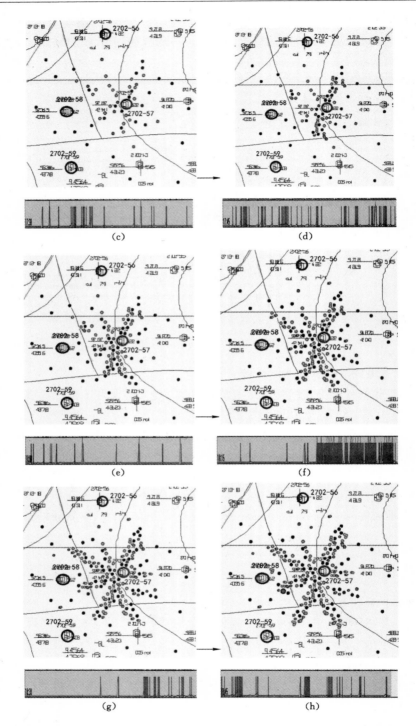

续图 9-17　漳村 2702-57 压裂井实时监测压裂裂缝扩展形态及微震信号传输
(c) 压裂 30～45 min；(d) 压裂 45～60 min；(e) 压裂 60～75 min；(f) 压裂 75～90 min；
(g) 压裂 90～105 min；(h) 压裂 105～119 min

传感器布置区域内,但裂缝相对分散,表明该区域煤岩体质地的不均匀性;当压裂进行到60～90 min 时,同时由微震信号传输图和裂缝三维定位均可以看到有密集的信号和主裂隙带形成;压裂进行 90～119 min 内,主裂缝带形成并发现个别主裂缝在水压力的作用下向周围辐射状型衍生大量微裂缝,压裂结束。对整个裂缝形成区域进行统计见表9-4。

表 9-4　　　　　　　　漳村矿 2702-57 压裂井裂缝长度及方位角

序号	1	2	3	4	5	6	最长裂缝	最短裂缝	平均裂缝长度
裂缝长度/m	92.1	103.9	101.4	49.6	117.2	128.3	128.3	49.6	98.8
裂缝方位角	南偏西 65°	北偏西 65°	北偏东 25°	南偏东 76°	南偏东 16°	南偏西 27°		编号:漳村矿 2702-57	

　　由表 9-4 得知,漳村矿 2702-57 压裂井采用活性水＋氮气伴注＋石英砂的压裂工艺进行压裂后,产生大量裂缝,且裂缝长度跨度大,主裂缝最长裂缝达到 128.3 m,最短裂缝有49.6 m,平均裂缝长度为 98.8 m,主裂缝呈:"枫叶"状,其中以东北方位裂缝为"叶根",西南方位的裂缝呈"叶脚",如图 9-18 所示。

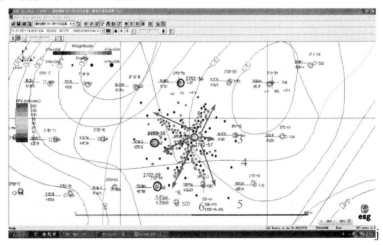

图 9-18　漳村矿 2702-57 压裂井裂缝扩展形态

9.4.4　压裂裂缝规律分析及建议

9.4.4.1　潞安矿区压裂裂缝规律分析

　　监测结果,分析不同井田,不同类型压裂工艺监测裂缝规律,我们得出潞安矿区水力压裂半径为 90～140 m,其压裂裂缝扩展形态以辐射状为主,但总体西南方位形成裂缝密度大于东北方位的裂缝密度。

　　从不同的压裂工艺来看,采用活性水＋石英砂压裂工艺的压裂裂缝平均长度为 109.5 m,采用活性水＋氮气伴注＋石英砂压裂工艺的压裂裂缝平均长度为 98.8 m,可见,活性水＋石英砂压裂工艺比采用活性水＋氮气伴注＋石英砂压裂工艺的压裂裂缝长度大一些。

　　从不同井田、矿区来看,高河矿主裂缝最长裂缝平均达到 136.4 m,最短裂缝有 94.8 m,平均裂缝长度为 109.5 m;漳村矿主裂缝最长裂缝平均主裂缝最长裂缝达到 128.3 m,最短裂缝有 49.6 m,平均裂缝长度为 98.8 m;可见,高河矿压裂裂缝长度明显大于漳村矿压裂裂缝长度。

从裂缝形态上来看,高河矿活性水＋石英砂压裂工艺的压裂裂缝主要呈"十字交叉"或"辐射状"形;漳村矿活性水＋氮气伴注＋石英砂压裂工艺的压裂裂缝主要呈"枫叶"状,其中以东北方位裂缝为"叶根",西南方位的裂缝呈"叶脚"。可见,高河矿活性水＋石英砂压裂工艺的压裂主裂缝长一些,但裂缝网络不明显;而漳村矿活性水＋氮气伴注＋石英砂压裂工艺的压裂裂缝主裂缝短一些,但形成了较好的裂隙网络,便于瓦斯的抽采。

9.4.4.2 潞安矿区水力压裂优化方案建议

目前潞安矿区部分区块采用活性水压裂体系,活性水压裂有以下的主要优缺点。优点:施工成本低,对煤层污染伤害小。缺点:黏度低、易滤失,携砂能力差(携砂比低),在煤层难以形成宽度、高度、长度都比较理想的支撑裂缝。导流能力差,影响产气效果(裂缝底形成的是砂袋状)。其他部分区块采用活性水氮气伴注压裂体系,目的都是在活性水压裂的基础上提高悬浮力、携砂比。

基于以上压裂工艺存在的特点,为更好地为潞安矿区下步压裂提供技术依据,克服上述压裂体系中存在的缺点,基于对潞安矿区压裂裂缝的延伸进行分析,给出水力压裂优化方案如下:

(1)活性水压裂优化方案

① 压裂液体系,通过实验得出,活性水压裂液对煤岩渗透率的相对伤害率较小,为3.2%,活性水压裂液配方为:清水＋1.0%氯化钾。活性水的表面张力一般为3.2 mN/m左右。由于活性水对煤层污染相对较轻,返排时间不受限制,甚至可以在排水采气时随地层水一同采出。

② 由于煤层埋深较浅、压力较低,同时考虑作业成本,建议目前在煤层气井压裂中,支撑剂选用天然石英砂,采用一定的粒径组合会取得更好的效果。根据理论分析,压裂层的流体产量增产比与施工规模(加砂量)成正比,故加砂量应充分发挥压裂液的携砂能力,尽量提高砂比和砂量。加入40/60目石英砂,最后尾追16/20目石英砂,增大缝口导流能力,可减少支撑剂的回流。

③ 根据此次潞安试验区的压裂裂缝监测分析:煤层裂缝单翼长度最长达到140.2 m,最短为49.6 m,一般为50～90 m。从监测结果来看,压裂裂缝一般是不对称的两条裂缝,两翼的长度也有差异。考虑潞安矿区煤层的渗透率范围,裂缝半长预测在90～140 m。通过潞安矿区现场实践,压裂总液量小于550 m³的井,产量均小于1 500 m³/d;产量大于2 000 m³/d井,压裂注入总液量均大于550 m³。考虑潞安矿区的地质状况和各个压裂区块的差异性,借鉴此次裂缝监测试验的压裂规模和实施效果,潞安矿区在压裂规模的选择上,根据布井的井距为200 m,半长设计为100 m。施工液量设计500～900 m³,加砂量应在30～40 m³比较合适。

④ 施工控制及参数选择借鉴潞安矿区压裂经验,在潞安矿区采用中砂和粗砂组合,较大液量的前置液和台阶式加砂工艺能够取得较好的效果。煤层压裂时,煤层较单一,只有几米厚,上下隔层完整时,不会出现大的裂缝窜裂,但是煤层底部应力较低,裂缝向下延伸,可能造成大量支撑剂都铺垫在煤层底部,而煤层中并无多少支撑剂,大大影响压裂效果。为防止隔板压穿,在施工时采用变排量施工的工艺。

压裂施工结束,支撑剂很快下沉到裂缝底部,裂缝闭合时,随着围向应力的加大,大量的支撑剂嵌入了软的煤岩基质面中,使裂缝底部形成的铺砂剖面严重受损。为了降低支撑剂嵌入带来的影响,建议适当增加加砂量,提高砂比,提高铺砂浓度,同时在压裂的最后泵注携砂液阶段尾追粒径为 16/20 目的粗砂,增大缝口的导流能力。

(2) 活性水氮气伴注压裂优化方案

结合上述方案中相关参数的优化,根据此次潞安矿区高河矿和漳村矿两个压裂区块的监测试验分析,对活性水氮气伴注压裂工艺进行对照性优化,并建议采用氮气泡沫压裂,具体如下:

① 压裂液体系。根据潞安矿区各压裂区块的地质分析和实验认识,改造井段井深情况和加砂压裂施工时压裂液所经受的剪切过程分析,建议采用氮气泡沫压裂液工艺,配方:清水＋1.0％氯化钾＋氮气。

② 压裂规模。裂缝半长:确定动态裂缝半长为 100 m。

③ 施工排量。根据储层破裂压力,确定施工排量在 $5 \sim 7.0$ m³/min。

④ 裂缝高度及裂缝宽度。裂缝宽度根据导流能力要求,支撑缝宽应达到 $3.6 \sim 4.8$ mm。

⑤ 氮比。根据施工压力高低,泡沫质量及施工设备储氮能力,确定氮比应大于 340 m³/min SPACE。

⑥ 泡沫质量。考虑压裂施工队携砂性能的要求,泡沫质量应在 $60％ \sim 75％$ 范围变化。

⑦ 加砂量及平均施工砂比。建议加砂量定为 40 m³,平均施工砂比大于 10％。

⑧ 施工用液量及用液氮量。单层压裂液用量控制在 $400 \sim 550$ m³;单层用液氮量一般要大于 35 m³。

⑨ 支撑剂组合。$20 \sim 40$ 目支撑剂与 $16 \sim 20$ 目支撑剂组合。

(3) 对于现有压裂工艺建议

对于完井方式为直井,作业方式为活性水压裂体系的压裂井,出现前期套压小,产气量稳定,而后期套压大,产气量下降迅速的情况,经过对照模拟试验和理论分析得知,其原因主要为井筒堵塞、压裂不充分和压裂井稳定周期短等,针对井筒堵塞情况,建议可采用捞砂作业;对于压裂不充分井,采用二次压裂;对于压裂井稳定周期短的情况,建议采用压力补水方式解决。

9.5　本章小结

本章研究了地面水力压裂原理和分析了影响裂缝形态的主要因素,探寻了水力压裂裂缝起裂机制,结果表明:

(1) 水力压裂裂缝形态的主要影响因素表现在以下几个方面:① 地应力对裂缝形态的影响;② 上下围岩与煤岩组合关系对裂缝形态的影响;③ 煤岩性质对裂缝形态的影响;④ 压裂施工作业(包括压裂规模、压裂施工排量、泵注方式等)对裂缝形态的影响。水力压裂裂缝产生机制分为剪切机理和张拉机理。

(2) 考虑煤岩岩性、节理裂隙状态、注水孔位置、煤岩强度、密度、渗透率及加载方式等影响因素,设计了水力压裂过程的物理实验,模拟研究水力压裂过程中的煤岩损伤演化过程及破裂规律,研究表明:水力压裂的宏观裂缝是由微裂纹的汇聚扩展而渐进形成的,无论哪种情况下起始裂纹都是张拉型的,即存在张拉位移,随着载荷的增加逐渐扩展形成微裂纹区,根据外界应力状况不同而形态各异,并在最小主应力面内蓄势出一个主方向,这是未来的宏观主断裂方向,而在各向主应力相等的情况下出现分岔局部化,未来宏观主裂纹方向具有一定的竞争性和不确定性;在水平主应力差较小或相等时,微裂纹扩展过程中会出现伴有抑制的竞争,由于形成主裂纹的扩展,其附近区域卸载,与之竞争的微裂隙闭合,从而其附近微裂纹扩展受到抑制,扩展区凸显曲折延伸的主裂缝,而这种竞争抑制性会在水平主应力差较大时逐渐消失。

(3) 利用煤岩细观破裂分析软件对水力压裂过程中的煤岩损伤演化过程及破裂规律进行数值模拟研究,研究结果表明:裂缝的萌生、扩展、贯通和分叉等细、宏观现象,裂缝形态以及尖端形貌与水力压裂工艺相关,也与作业区块的地质条件及煤岩体的均质性相关,但裂缝的形成规律也带有相当的共性,都普遍地展现出煤岩水压压裂作用下裂缝扩展从宏观无序到细观有序再到宏观有序的演化过程。

10　矿井动力灾害应急救援微震监测方法研究

10.1　概　　述

在矿井灾害发生时,减少人员伤亡给企业和社会带来的重大损失,尽可能地救出井下被困人员,已成为矿井灾害救援工作必须掌握的原则和首要任务。矿井灾害,特别是动力型灾害(如岩爆、冲击地压、瓦斯突出、突水等),事故突发性极强,事故发生后,救援现场虽然也采取了必要的抢险措施,但大部分企业没有利用科学先进的抢险救灾技术、装备与手段进行抢险救灾,为事故抢险救灾提供技术保证,延误了最佳抢救时机[250-251]。井下一旦出现险情,对救援人员来说,首先遇到的困难是遇难人员所处位置不明,难以展开有效的救援行动。因此为井下作业人员配备一种类似于 GPS(全球定位系统)的便携式示踪定位装置将有助于展开有效的救援行动。GPS 的定位误差在 10 km 距离内只有 0.01 m,具有很高的定位精度。遗憾的是,由于 GPS 工作于微波波段,尚不能穿透地层,因而目前还无法用于井下精确定位;军事上一直处于研究比较热门的中微子通信技术却有可能在地下定位方面取得突破,中微子是质子或中子发生衰变时的产物,中微子束在传播过程中几乎不发生传输损耗,可直接穿透地层进行直线传输[252]。但是,此项技术离运用到矿山实践中来,还为时尚早。诸如此类,随着矿山各项技术的发展,生产实践中涌现出了许多有关井下精确定位的尝试,但都因各种原因,没有取得理想的成果。

近些年,声发射(AE)技术的出现为矿山安全的有效保障带来了新的契机。通过研究声发射规律来寻找材料的破坏机理和破坏规律是研究岩石类材料破坏问题时的一种重要方法[253]。国内外已经将该技术用于金属矿山、煤矿及隧道工程的安全性问题研究中[254-255]。既然声发射技术已经在矿山动力灾害预测预报中得到应用,那么在井下灾后救援中亦可发挥其有效作用,值得探讨。基于这一思路,借助于声发射监测仪器,笔者在井下对系统所有18 通道传感器周围岩体进行了敲击试验,记录了传感器的标牌号、敲打时间以及敲打次数,并与监测系统采集的数据进行对比。二者记录的传感器接受标牌号和敲击次数完全一致、时间误差非常小,声发射技术可以在井下灾后救援中发挥作用。

10.2　井下动力灾害救援方法

煤炭是我国主要的一次性能源,长期以来煤炭占我国一次性能源生产和消费结构中的2/3 左右,并在今后较长的时期内,煤炭仍将是我国的主要能源和基础产业[256]。据统计,我国煤矿事故死亡人数是世界上主要产煤国煤矿事故死亡总人数的 4 倍以上,百万吨煤死亡率是美国的 160 倍、印度的 10 倍,我国矿山生产安全事故总量仍然居高不下,矿山安全生产形势依然严峻[257]。与此同时,我国矿井自然条件差,开采技术和管理等诸多方面还不完善,使我国煤炭事故频发,主要表现为顶板事故、瓦斯事故、运输事故和水害事故[258]。因此,针对我国煤矿事故频发,且救援水平较低的现状,研究适用于井下发生瓦斯、煤尘爆炸等重大事故后,能够代替人及时进入事故现场,监测井下环境、准确判断井下作业人员的受困位置以及获取环境信息的煤矿救援机器人系统,以期实现煤矿灾后科学救援,最大限度地减少人员伤亡和财产损失,从而提高我国煤矿安全事故的救援水平[259]。

通常,井下一旦出现险情,对救援人员来说,首先遇到的困难是被困人员所处的具体位置不明,导致难以展开有效的救援行动,安全救护与搜救效果差[260]。为此,如何准确、实时、快速保证抢险救灾的高效运作显得尤为紧迫和重要。因此,开展微震监测系统在矿井灾害救援中的研究,对提高矿井人员被困位置的有效定位识别能力进而有效地展开相应的救援工作具有重要的理论与实际意义。

一般来说,矿井灾害预警和环境预测的研究主要包括灾害预警救援系统和井下环境预测系统两个方面[261]。在灾害预警方面,实现了应急救援指挥与信息管理系统、矿井灾害避险系统、基于 GIS 的预警救援系统、井下无线人员定位系统、灾害可视化预警救援系统等方面的研究[262-263]。在井下环境预测方面,主要是对瓦斯、温度、地压及水灾等进行预测,如神经网络预测法、支持向量机预测法等多元非线性预测方法大大提高了预测精度和预测数据的可靠性[264]。

目前,关于矿井救援的相关研究,众多科研人员已经做了大量的工作,获得了一批理论成果,也研发了相应的设备,有效地提高了煤矿救援工作效率。有几种代表性的技术在此作一下概述。刘建研究的矿用救援机器人是一种辅助或替代矿山救护队员进行灾区环境探测和搜救工作的应急救援装备,其应用可以有效地加快搜救速度,及时发现被困矿工,快速定位遇难人员,减少人员伤亡。煤矿井下空间狭小、地形复杂,尤其是煤矿事故后,矿用救援机器人的作业环境和作业对象是变化的、未知的非结构化环境;此外,煤矿井下通信条件极差,特别是煤矿事故后,矿井通信系统遭到破坏,而应急通信系统带宽有限,难以满足矿用救援机器人遥操作的要求。因此,要求矿用救援机器人是一种具有环境认知、行为决策、运动控制等能力的智能移动机器人,以保证其在恶劣环境中正常运行。郑学召研究的矿井救援无线多媒体通信关键技术在多次矿山救援中已经过验证,其先进性得到了众多专家的认可,其通过本质安全红外摄像仪设计原则,设计出一种小巧轻便,具有"四防"功能,由救护队员随身携带的本质安全型红外摄像仪。设计中主要采用先进快速关断保护电路,同时采用减小储能元件、限制火花能量等手段,以达到本质安全型的目的。通过现场应用,本安型红外摄像仪能将受灾情况进行客观反映,为专家提供可靠的现场信息资料,对制订科学的救灾方案起着重要的作用,同时也是数字矿山新技术的重要组成部分。并且开发了一套矿井救援系统,这套系统利用一对电话线进行双向对称数字信号传输,提供一种可实时监视和直接联络事故现场的先进技术手段;设计了将灾害现场视频/音频信号传送至地面指挥部和各级救援指挥中心,地面指挥部和各级救援指挥中心根据灾区情况向救护队员发送救援指令;同时通过互联网,业内专家可直接了解救灾现场的实际,参与救灾决策,实现救灾决策专家化的网络系统。地下矿山人员紧急通讯技术的研究有效的通讯会减少混乱,增加决策者的自信心,终止谣言和错误信息,提高救援成功的可能性,从而提高应急救援能力和矿山事故中人员生还概率,最大限度地减少人员伤亡和财产损失。因此,加强地下矿山人员紧急通讯的研究,对增强矿山救援决策能力、提高国家应对矿山突发事件的水平具有重大的意义。微震活动定位的方法基于微震监测平台,合理确定矿山灾害救援中微震事件定位的数学算法,利用模块能够快速高效地对微震信号实施三维定位。微震监测系统是一套行之有效的利用岩体受力变形和破坏后本身发射出的弹性波来进行监测工程岩体稳定性的技术,在搜救定位被困井下人员的过程中,尤其能够显示出系统的优越性。

近年来,国内矿山引进为数不少的微震监测系统,该系统拥有较为灵敏可靠的传感器和三维可视系统,通过二次开发矿山灾害救援中微震活动事件定位的数学算法,建立与现有救援系统的软件接口,共享数据,可以增强灾后救援系统的搜救功能。

微震技术已经在矿山动力灾害预测预报中得到了很好的应用,是否也能够在井下救援方面发挥其有效作用,尤其是在对矿井人员的实时定位方面,目前这方面的研究相对较少。换个角度来说,对矿井人员定位等定位系统来说,微震系统在灾害救援方面的作用也是一个有效的补充。

10.3　动力灾害救援微震监测技术

10.3.1　微震监测定位原理

各种资料表明,固体材料在外力的作用下,内部的缺陷或不均质区会发生应力集中,导致微破裂的产生和扩展,同时累积的应变能也随之迅速释放。伴随着应变能的释放而产生的应力波,叫做声发射(AE)。室内研究表明,当对岩石试件增加负荷时,可观测到试件在破坏前的声发射与微震次数急剧增加,几乎所有的岩石当负荷加到其破坏强度的 60% 时,会出现声发射与微震现象,有的岩石即使负荷加到其破坏强度的 20%,也很可能发生这种破坏现象,其频率约为 $10^2 \sim 10^4$ Hz。通过对监测到的岩体声发射信号进行分析和研究,可推断岩石内部的应力应变变化状态,反演岩石的破坏机制。

在岩体冒落预测预报中,通常监测参数包括有总事件、大事件和能率。其中,总事件指单位时间内声发射事件的累积数,是岩体出现微观破裂和宏观破裂的重要标志;大事件指单位时间内超过一定幅度的声发射次数,大事件占总事件的比例预示了岩体内部变形和破坏的趋势;能率指单位时间内岩体声发射能量的相对累计,是岩体破裂及尺寸变化程度的重要标志,综合概括了事件频度、事件振幅及振时变化的总趋势。

随着岩石破坏机理研究的不断深入,唐春安等学者认为,岩石声发射是岩石破坏过程中产生的微震脉冲,与岩石内部的微裂纹或缺陷有直接的关系。而损伤是岩石内部微裂纹或缺陷生长与扩展的结果,因而它与岩石内部缺陷的演化和生长直接相关。因此,损伤与声发射之间有着必然的因果关系。又由于监测到的声发射分布是一种统计分布规律,所以,可以建起统计损伤与声发射的关系。

资料表明,固体材料在外力的作用下,内部的缺陷或非均质区会发生应力集中,导致微破裂的产生和扩展,同时累积的应变能也随之迅速释放,伴随着应变能的释放而产生的应力波,叫声发射(AE),工程上叫微震(MS)。微震技术是一种地球物理探测的方法,该方法可以对煤岩体结构在变形过程中所产生的微破裂行为进行实时连续三维时空定位。由于微震是煤岩材料变形、裂纹开裂及扩展过程的伴生现象,它与煤岩结构的力学行为有着密切的相关性。因此,微震信号中包含了大量的关于煤岩受力破坏及地质缺陷活化过程的有用信息,可以此推断煤岩材料的力学行为,预测煤岩结构裂隙通道的生成规律及其稳定性。

在微震监测系统中,一般运用 P 波到时来进行事件的定位,称作微震事件定位技术。这些定位技术分和两大类:点定位技术与带定位技术。点定位技术应用广泛,试图给出事件的确切坐标;带定位技术则根据 P 波到时序列来确定活动区域。点定位技术可更进一步分为两小类:直接方法和间接方法,前者如时间残差最小二乘拟合法(包括线性的与二次型的);后者如迭代方法,从一个任意给定点出发,通过使每一步的误差减小,最后趋于误差最小值的一点。直接与间接的方法常综合运用,被统称为迭代方法。这些方法的共同之处是,使 P 波到时的观测值与计算值之差趋于最小并给出一个最优解。灾害事故发生时,灾害矿井内部积聚的能量以应力波的形式向周围释放,并产生微震事件。借助于以一定阵列布置的检波型传感器就可以接收到此弹性波。因此,在被监测区域一定范围内布置若干传感器,组成传感器监测阵列,即可确定出事故的三维空间位置,如图 10-1 所示。

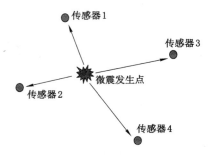

图 10-1　微震监测定位原理示意图

10.3.2　微震监测系统概述

监测系统采用模块化设计方式,实行远程采集 PC 配置,主要包括软件和硬件两个部分。软件有 Paladin 标准版监测系统配备 HNAS 软件(信号实时采集与记录)、SeisVis 软件(事件的三维可视化)、WaveVis 软件(波形处理及事件重新定位)、ProLib 软件(震源参数计算)、Spectr 波谱分析软件、DBEidtor 软件(数据过滤及报告生成)、Achiever 软件(数据存档)、MMS-View 软件(远程网络传输与三维可视化)等组成。硬件有 18 通道的加速计、配有电源并具备信号波形修整功能的 Paladin 传感器接口盒、Paladin 地震记录仪、Paladin 主控时间服务器、软件运行监视卡 WatchDog。整套系统可导入待监测范围内的矿体、巷道等几何三维图形,提供可视化三维界面,实时、动态地显示产生的微震事件的时空定位、震级与震源参数等信息,并可查看历史事件的信息及实现监测信息的动态演示,结合现场分析岩层空间运动规律及岩体破裂状况,可对灾害进行动态预测、预报。

该监测系统与其他矿井救援比较发现,由于矿井重大灾害灾变影响的复杂性,灾情了解的片面性以及预测决策实施效果的模糊性,致使矿井重大灾害救灾决策指挥往往面对着不明确的井下灾情。尤其是井下人员的准确定位问题始终困扰着救援队的施救行动,有时甚至向相反的方向进行抢险救灾,延误了最佳时机,给救援行动带来了很多盲目性。微震监测系统可以进行对事件类型自动识别,实时、动态地显示产生的微震事件的时空定位、震级和震源参数等信息。同时,可以进行滤波处理,判断不同震源信息产生的波形类别。为此,笔者在井下现场设计了定位的模拟测试方案:力求内容丰富、数据完整,在井下监测系统传感器附近敲击巷道围岩,每个传感器附近的敲击次数随机,敲击的强度是正常现场工人的力量强度(强、弱结合),在产生震源信息后,井上微震室内系统即可采集到微震事件数据,以定位出敲击事件的时间、空间坐标信息。

10.4　工程实例分析

10.4.1　矿井背景

张马屯铁矿床的水文地质条件极其复杂,为国内少见的大水矿床,矿山的防治水工作经历了 30 多年的艰难历程,先后进行过五次专门水文地质勘探,三次大规模帷幕注浆堵水。防治水工程量之大,耗资费用之高,在国内实属罕见。但是,随着开采深度的增加,在大帷幕区域内外产生较大的水力梯度,而帷幕区域内部正在矿石开采,水压及开采活动势必对大帷幕区域的稳定性造成危害。而大帷幕区域若失稳破坏,必然是由于开采活动及水力差异引起应力场扰动所诱发的大帷幕区域内部微破裂萌生、发展、贯通等岩石破裂过程失稳的结果。然而,在大帷幕区域发生失稳破坏之前,大帷幕区域内部必然都有微破裂前兆。而诱发微破裂活动的直接原因则是开采活动及水力差异而引起大帷幕岩体内部应力或应变增加的结果。在地震的长期研究过程中,地震学家已经积累了丰富的经验并取得了许多有价值的成果,特别是包括微震监测、定位等方面的地球物理方法,是突水灾害研究的宝贵财富。

矿区位于区域北部燕山期闪长岩与中奥陶系灰岩的接触带东部,东西长约 15 km,南北宽约 6 km。矿区内东西向分布一系列中小型矽卡岩型铁矿床,张马屯铁矿、黄台铁矿、农科所铁矿、徐家庄铁矿、王舍人铁矿等均属此列。张马屯铁矿在 1966 年以前进行过三次水文地质勘探。但是在矿山基建过程中发生突水淹井,其涌水量比勘探中预测的水量偏大许多。于 1970~1975 年对该矿床进行了大规模的水文地质勘探,表明该矿床水文地质条件极为复杂,矿坑涌水量特别大,疏干排水采矿不但不经济,而且严重影响矿区周围的工农业用水,破坏自然地理环境,因此是绝对行不通的。

矿区主要含水层为奥陶系中统灰岩和下统的白云质灰岩,在接触带及附近多蚀变为大理岩。灰岩或大理岩的岩溶裂隙发育,溶孔、溶洞及蜂窝状、网格状溶蚀现象屡见不鲜,钻孔中曾揭露过高达 4 m 的大溶洞。比较而言,奥陶系中统灰岩的岩溶更为发育,富水性更强,导水性更好,并具有极大的不均一性。钻孔的单位涌水量一般在 1~5 L/(s·m),最大达 23.81 L/(s·m),最小为 0.068 L/(s·m),渗透系数一般 20 m/d,最大达 38.17 m/d,最小 0.08 m/d。奥陶系下统白云质灰岩的岩溶裂隙亦较发育,富水性较强,导水性较好,钻孔的单位涌水量 1.6~2.2 L/(s·m),渗透系数 3.39~9.69 m/d。奥陶系中下统灰岩在区域的出露面积大,地下水接受补给充沛,加之本身岩溶裂隙发育,因而其中蕴藏了大量的地下水。又由于奥陶系中统灰岩(变质成大理岩)是矿层的直接顶板或底板,对矿山的开采形成很大的威胁。目前济南东郊地区的工农业用水多取自该层,取水量已由十几年前的 25×10^4 m³/d 增加到现在约 50×10^4 m³/d。过量的取水和补给的不足使得地下水位以每年 0.3~1.0 m 左右的速率下降。

10.4.2　方案设计

由于矿井重大灾害复杂性,对灾情了解的片面性以及预测决策实施效果的模糊性,致使矿井救灾决策指挥往往面对着不明确的井下灾情。尤其是井下人员的准确定位问题始终困扰着救援队的施救行动,有时甚至向相反的方向进行抢险救灾,给救援行动带来了很多盲目性。借助于微震监测系统的自动、实时以及三维可视化的定位功能,能够对井下被困人员的具体情况进行动态诊断。针对上述问题,结合井下微震监测区域的地质环境等因素,设计了灾害救援的模拟测试方案。

试验共分为三部分:多个传感器敲击试验、单个传感器敲击试验以及单个传感器喊话试验。测试试验环境与工具包括:在微震监测阵列内,选取合适的巷道;选择一个长度约 1 m的钢钎、机械表以及笔和纸。具体试验过程如下:首先,为了验证传感器的敲击效果,分别在12 个传感器的安装孔口位置进行了敲击试验;其次,为了模拟被困人员发出的敲击信号,分别对距离传感器不同位置的煤岩与金属体(管道、锚杆或锚索)进行敲击,并及时记录敲击的位置、时间及次数。在敲击的过程中,为了达到理想的模拟效果,敲击的次数可以随机选取,而敲击的强度则需要强弱结合。

同时,为了测试被困人员所发出的语言求救信号,也分别在距离传感器不同位置(0 m,2 m,5 m,10 m,20 m,30 m 及 50 m)的巷道内进行了喊话试验,喊话的力度要尽量模拟出灾害发生时被困人员的具体状况。试验过程中,井下试验人员及时准确地记录试验数据,而地面试验人员也要及时观察微震系统的监测结果,通过二者的试验参数(敲击位置、时间及次数)的对比,就有可能对系统的灾害救援功能作出合理的评价。测试方案如图 10-2 所示。

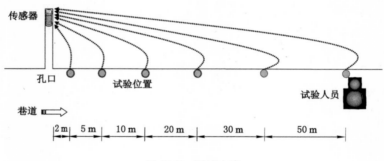

图 10-2　测试方案

10.4.3　结果及分析

图 10-3 反映了多个传感器敲击试验所得到的弹性波波谱图,由于试验工况较多,下面仅选取有代表性的波谱图进行分析。其中,波谱图的横坐标为敲击持续时间(ms),纵坐标为振幅值(mV);而 2# 代表敲击传感器的标牌号,(5)代表敲击次数,其他类似。

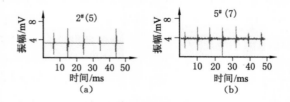

图 10-3　敲击试验波谱图

从图 10-3 可以看出,对不同编号的传感器敲击时,都得到了非常明显的波谱图,敲击时的波形振幅很大,而且系统接收与实际测试的敲击次数十分吻合,这就说明了微震系统的灵敏性和准确性是十分高的。另外,从敲击时间上来看,二者误差也是很小的,如表 10-1 所列。从表中可以看出,系统监测与现场测试的敲击时间最大误差为 26 s,最小的仅为 1 s。如果再考虑到试验过程中的计时精确性,二者的误差将会更小,而且,上述误差对于现场救援来说是可以接受的。以上结果充分说明了测试方案的可行性,为后续的单个传感器敲击与喊话试验的进行提供了可靠的依据。

表 10-1   敲击试验与微震监测误差比较

传感器	敲击试验		系统监测		误差	
	敲击时间	敲击次数	敲击时间	敲击次数	敲击时间	敲击次数
1#	10:11	8	10:10:40	8	20 s	0
2#	10:09	10	10:08:18	10	42 s	0
3#	10:01	10	10:01:21	10	21 s	0
4#	10:20	10	10:19:49	10	11 s	0
5#	09:49	8	09:49:08	8	8 s	0
6#	09:54	9	09:53:51	9	9 s	0
7#	08:44	8	08:43:50	8	10 s	0
8#	08:50	8	08:49:48	8	12 s	0
9#	08:41	6	08:40:24	6	36 s	0
10#	08:38	6	08:38:15	6	15 s	0
11#	08:58	9	08:57:40	9	20 s	0
12#	09:01	8	09:01:09	8	9 s	0
13#	07:47	5	07:46:57	5	3 s	0
14#	08:25	6	08:24:32	6	28 s	0
15#	08:28	6	08:27:50	6	10 s	0
16#	08:10	6	08:09:41	6	19 s	0
17#	08:13	6	08:13:05	6	5 s	0
18#	08:06	6	08:05:58	6	2 s	0

从系统配置的 HNAS 软件(信号实时采集与记录)可以得到此次敲击试验的微震事件信号的产生时间,软件会自动记录时间的变化见图 10-4 中 a 点试条。

另外,软件显示的每一行代表 15 min,每一个格代表 1 min 见图 10-4 中 b 点,进而可以判断出微震信号发生的准确时间。图 10-4 中 c 点说明的是 10# 传感器记录的敲击信号(其他 17 个传感器记录的敲击信号在图中都可以准确找出,在此不详细标出)。由于是在矿井正常生产时的模拟测试,也监测出了因为爆破、矿车运动或溜井放矿等其他因素引起的微震事件,如图 10-4 中 d 点线条所示,由于该系统具有良好的滤波功能,与敲击事件完全区分开来。灾后救援中矿山必然处于停产状态,干扰因素会更小,因此监测精度还会进一步提高。从 WaveVis 软件(波形处理及事件重新定位)中可以得到微震事件波形图、接收传感器标牌号、敲击次数等波形信息。

当井下灾害发生时,被困人员的活动范围往往被限定在一定的狭小区域内,较难以进行

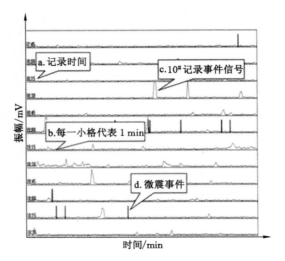

图 10-4　HNAS 软件记录的信号产生时间

多个传感器的敲击试验,所以,开展单个传感器的喊话与敲击试验就显得非常重要。图10-5
反映了距离传感器孔口不同位置进行喊话与敲击管道、围岩以及锚杆(索)试验时,微震系统
接收声音信号的清晰程度。

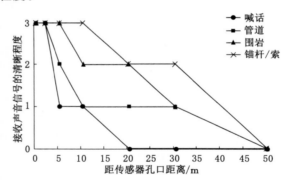

图 10-5　不同试验位置系统接收声音信号的清晰度

　　为了满足研究问题定量化的要求,此处设定系统接收声音信号的清晰程度为 4 级,即分
别用 {1,2,3,4}。这 4 个数值分别表示清晰程度为{听不见,不清晰,一般清晰,很清晰}。

　　从图 10-5 可以看出,在进行单个传感器喊话与敲击试验时,系统接收声音信号的清晰
程度依次为:敲击锚杆(索)>敲击围岩>敲击管道>喊话。可见,敲击围岩以及伸入到围岩
内的锚杆(索)等物体,信号清晰度较高;敲击巷道内的管道等金属体次之;而仅仅在巷道内
喊话时,信号清晰度最低,这就说明微震系统接收与煤岩耦合越紧密的介质传播的信号越
清晰。

　　所以,灾害发生时,井下被困人员不仅仅要喊话,最为重要的是要不断地敲击伸入到围
岩内的金属体。而且图中还表明:喊话、敲击管道、敲击围岩以及敲击锚杆(索)最佳距离(微
震接收清晰条件下)分别是 5 m、10 m、20 m 以及 30 m。

　　敲击模拟测试取得了理想效果。从表 10-1 可知,在 18 个传感器中,现场实测和系统监

测的敲击时间误差最大为 42 s,最小为 2 s,考虑到现场记录的不确定性,时间误差也非常小。现场记录井下的传感器编号和系统采集的一一对应,即敲击的空间坐标位置就可以通过传感器安装的三维坐标计算出来。同时,二者记录的敲击次数完全一致,充分说明了监测系统的灵敏性和准确性是十分高的。当矿山灾害事故发生时,寻找井下被困人员的准确位置,各个企业都做了许多可行的探索,也拥有一套适合本矿山的救援方案。该监测系统在救援救灾时也是可以应用的,从监测结果可以看出,被困人员在传感器附近敲击围岩,微震人员就可以通过井上系统查看事件的产生时间、波形图、模拟声音、三维显示定位图等微震信息对井下人员进行准确定位,从而指导救援队迅速采取合理方案对其施救。所以,不难看出,微震监测系统不但可以对岩体的微破裂损伤等稳定性进行实时、24 h 连续监测,为矿山的安全运行提供科学技术保障。而且该模拟测试证明了系统在救援救灾工作中也可以发挥积极的作用,这是微震监测系统的另一特色。

10.5 本章小结

本章采用敲击模拟测试对微震监测系统获取围岩的微震信息过程进行研究,探讨了微震监测系统在矿山动力灾害救援中的应用,得到如下认识:

(1)基于微地震技术的微震监测系统能够根据微震事件波形、频度、空间位置、能量等,其监测准确性良好,能够满足对帷幕稳定性监测的要求。

(2)参与灾后救援工作是微震监测系统的一种应用探索,通过敲击测试的结果可以看出,其精确的时间、空间定位,可为井下灾后救援的搜救工作提供一条新途径。但为保障其有效性,在工程实践中有几点要关注:① 传感器布置的科学合理性,以矿山动力灾害的预测预报为主,同时也要兼顾灾后救援工作的需要;② 加强井下作业人员对微震系统的认识,使他们熟知传感器布置情况,在危险的情况下,尽可能靠近传感器实施自救;③ 加强对微震监测系统的管理维护,保证其正常运转,同时,系统管理人员要积累分析经验,对监测结果要有科学的分析能力,加强对异常信号的判断、处理能力。

11　主　要　结　论

本书针对高瓦斯突出矿井煤与瓦斯突出机理及突出危险性预警方法方面所遇到的问题,采用工程资料收集、理论分析、系统研制开发、数值模拟方法以及现场工业性试验相结合的手段,探讨了瓦斯突出过程中的应力场—损伤场—渗流场多场耦合效应,着重分析了诱发煤岩突出灾害的本质机理和微破裂前兆规律,揭示了瓦斯突出致灾的内在动因与共性特征;深入开展了煤岩损伤破坏的基本特征、微震发生机制以及微震监测原理方面的研究;结合煤矿井下的特点,改进了微震监测系统的部分软硬件设备与安装装置及其安装方法;重点阐述了采掘工作面煤与瓦斯突出危险性评价指标与预警模型;系统研究了采场覆岩采动裂隙的演化特征与瓦斯富集区的确定方法;分析了地面煤层气水力压裂钻孔间裂缝形成及扩展规律;提出了矿井动力灾害应急救援微震监测方法;并依托淮南矿业集团新庄孜矿六水平典型的强突出工作面进行了大量的现场试验,验证并校验了上述研究成果的可行性与实用性,取得了一些有意义的结论。

(1)基于相关研究现状的深入理解与分析,认为传统的瓦斯突出预测以瓦斯赋存条件、分布特征等瓦斯地质为依据的煤与瓦斯突出危险性分类方法,未能抓住采动煤岩劣化诱发瓦斯突出灾害的本质特征;传统的瓦斯突出预测方法以瓦斯浓度、压力等表观信息为监测对象,难以掌握突出危险性预测所必需的前兆特征;传统的瓦斯突出表观参数预测方法多以局部位置为监测对象,缺乏对周围煤岩体作用的整体评价。

(2)基于含瓦斯煤岩破裂过程气固耦合作用的数学模型,采用RFPA^{2D}-GasFlow模拟了突出过程中采场覆岩的变形、裂隙演化以及瓦斯渗流通道形成过程,分析了采动过程中煤岩瓦斯的运移流动规律,并从应力场—损伤场—瓦斯场多场信息的演变角度揭示了损伤-渗流诱发煤与瓦斯突出的灾变机制。

(3)煤岩结构的非均匀性是煤与瓦斯突出存在前兆规律的根源,正是由于煤岩具有的这种非均匀性特点,使得任何煤岩结构在主破坏之前,或多或少都会有微破裂前兆(高应力显现)出现,这也是煤与瓦斯突出有可能被监测预警的最基本的力学原理。而在煤与瓦斯突出机理及监测分析中,注意捕捉煤岩变形的局部化信息并掌握其发展趋势,就有可能提高突出监测预警的可能性。

(4)煤岩试样微震效应的数值试验表明,煤岩破裂过程中将会伴随着声发射(微震)的出现,利用煤岩体的微震效应可实现对煤岩破坏过程的实时动态监测。

(5)针对微震监测系统及其在煤矿井下应用中出现的问题,介绍了煤矿井下微震监测系统开发、改进及其设计构建的过程。开发了微震和瓦斯信息三维可视化及远程传输系统,并获得了软件著作权登记证书(登记号:2010SR040125);结合微震数据采集仪的特点,改装了该设备的部分配件,重新设计了防爆箱,并获得了国家实用新型专利证书(专利号:ZL 2009 2 0246329.0);另外,改进了传感器固定、安装装置及其安装方法,并获得了国家实用新型专利证书（专利号：ZL 2009 2 0249729.7）与国家发明专利的受理（申请号：200910207955.3）。

（6）提出了微震震源定位精度的主要影响因素，采取人工爆破试验标定波速模型的方法，重点研究了监测区域煤岩波速的优化选取及其对震源定位精度的影响，并提出了传感器的布置原则；深入分析了微震信号的主要类型以及噪声信号的来源及其特点，结合工程实例，进一步揭示了基于噪声检测滤出原理，建立了一套多参量识别与滤除噪声的综合分析方法，并对滤出后的信号在三维可视化图中进行了标定；构建了基于光纤传输技术的微震系统网络结构，设计了微震系统在灾害救援中应用的模拟测试试验方案，通过对多个传感器敲击试验、单个传感器敲击试验以及单个传感器喊话试验，验证了系统在井下灾害救援方面的可行性，为矿山抢险救灾提供了一条新途径。

（7）结合微震参数的特点，考虑到评价指标的时间效应，建立了突出危险性长短时评价指标，基于正态分布函数理论，建立了描述突出危险性的 2σ 预警模型，并采取人工爆破诱发煤与瓦斯突出的方法，验证了上述预警模型的可行性，确定了危险性预警临界值；结合实例分析，揭示了突出过程与采动煤岩破裂规律之间的演化关系，深入研究了 2σ 预警模型评价掘进巷道突出危险性的过程，并采取多种方法对预警结果进行了校检，证明了 2σ 预警模型的准确性；阐述了断层带活动规律与突出之间的关系，结合实例分析，揭示了掘进巷道断层"活化"过程的演化规律，深入分析了 2σ 预警模型评价含断层掘进巷道突出危险性的过程，与校检结果比较吻合。

（8）在煤矿开采沉陷学理论的基础上，着重解释了采动裂隙"O"形圈基本原理；建立了采动覆岩的力学模型，采用数值模拟的方法对覆岩采动裂隙的初始萌发、扩展直至宏观裂纹贯通的过程及其声发射、能量的动态演化规律进行了详细的分析；运用分形几何理论，深入地研究了覆岩采动裂隙的分维数变化规律，定量地描述了覆岩破坏是一个降维有序、耗散结构的发展过程，认为分形维数随工作面推进经历了由小→大→小并趋于稳定的两个阶段变化过程，而且工作面的回采步骤距离与覆岩采动裂隙分维数之间呈三次曲线的函数关系。

（9）着重说明了覆岩瓦斯富集区的确定原理及采动裂隙场的考察参数，运用已建立的微震监测系统，结合工程实例，详细分析了覆岩采动裂隙的分布特征，认为覆岩竖向裂隙区呈不规则分布状态，可看作为一个不规则闭合的"圆柱形横卧体"，依据裂隙区分布参数的变化规律对顶板倾向低位钻孔的孔深与夹角进行了优化，并结合钻孔瓦斯抽采量与瓦斯浓度对优化方案进行了检验，结果表明，瓦斯抽采量与抽采浓度指标都明显高于类似条件下的抽采值，取得了很好的抽采效果。

（10）水力压裂裂缝起裂机制主要可分为剪切机理和张拉机理两大类；影响裂缝形态的主要因素可归结为地应力、煤岩组合关系、煤岩性质和压裂施工作业等方面；自主研制的煤矿地面煤层气水力压裂微震监测系统，结合提出的煤矿地面水力压裂裂缝几何参数评估方法，可对水力压裂裂缝扩展进行实时监测，进而优化水力压裂施工工艺和方案。

（11）通过井下传感器敲击和喊话试验，说明基于微震监测的矿井动力灾害应急救援方法和技术，可对敲击和喊话位置进行精确定位，可为井下灾后救援的搜救工作提供一条新途径。

参 考 文 献

[1] 陆菜平. 组合煤岩的强度弱化减冲原理及其应用[D]. 徐州: 中国矿业大学矿业工程学院, 2008.

[2] 袁亮. 煤与瓦斯共采领跑煤炭科学开采[J]. 能源与节能, 2011, (4): 1-4, 11.

[3] 刘文革. 中国煤炭进口形势分析及展望[J]. 中国煤炭, 2013, 39(4): 117-120.

[4] 宁德义. 我国煤矿瓦斯防治技术的研究进展及发展方向[J]. 煤矿安全, 2016, 47(2): 161-165.

[5] 都本山. 浅谈当前煤矿瓦斯治理现状及主要措施[J]. 科学导报, 2016, (3): 200.

[6] 王磊, 李世祥. 我国煤炭产业规模、结构与技术水平分析[J]. 中国国土资源经济, 2016, (1): 33-37.

[7] 琚宜文, 李清光, 谭锋奇, 等. 煤矿瓦斯防治与利用及碳排放关键问题研究[J]. 煤炭科学技术, 2014, (6): 8-14.

[8] 王庆一. 中国煤炭工业的数字化解读[J]. 中国煤炭, 2012, 38(1): 18-22.

[9] 康亚明, 刘长武. 煤炭绿色开采技术及其在西北矿区的应用前景研究[J]. 中国矿业, 2011, 20(10): 77-80.

[10] 王家臣. 煤与瓦斯共采需解决的关键理论问题与研究现状[J]. 煤炭工程, 2011, (1): 1-3.

[11] 孙文革, 李纯宝. 煤与瓦斯突出机理研究现状[J]. 山东煤炭科技, 2009, (6): 163-165.

[12] 李希建, 林伯泉. 煤与瓦斯突出机理研究现状及分析[J]. 煤田地质与勘探, 2010, 38(1): 7-13.

[13] 王永祥, 杜卫新. 煤与瓦斯突出机理研究进展[J]. 煤炭技术, 2008, 27(8): 89-91.

[14] 李晓伟. 复杂地质条件下石门及井筒揭煤突出危险性快速预测研究[D]. 徐州: 中国矿业大学, 2009.

[15] 李润求, 施式亮, 念其锋, 等. 近10年我国煤矿瓦斯灾害事故规律研究[J]. 中国安全科学学报, 2011, 21(9): 143-151.

[16] 胡千庭, 赵旭生. 中国煤与瓦斯突出事故现状及其预防的对策建议[J]. 矿业安全与环保, 2012, 39(5): 1-6.

[17] 陈广平. 对防治煤矿瓦斯爆炸的技术研究[J]. 内蒙古煤炭经济, 2013, (5): 150, 156.

[18] 闫江伟, 张小兵, 张子敏, 等. 煤与瓦斯突出地质控制机理探讨[J]. 煤炭学报, 2013, 38(7): 1174-1178.

[19] 常先隐. 浅谈煤与瓦斯突出的机理、类型与一般规律[J]. 科技信息, 2007, (30): 634-635.

[20] 姜永东, 郑权, 刘浩, 等. 煤与瓦斯突出过程的能量分析[J]. 重庆大学学报, 2013, 36

（7）:98-101,120.

[21] 李国瑞,罗新荣,郑永昆,等.煤与瓦斯突出机理研究现状及研究新思路[J].能源技术与管理,2010,(1):21-23.

[22] 高芸,谭松,谢晓光,等.关于对高瓦斯矿井瓦斯涌出量的简要分析[J].煤矿现代化,2010,98(5):44-46.

[23] 殷文韬,傅贵,曾广霞,等.我国近年煤与瓦斯突出事故统计分析及防治策略[J].矿业安全与环保,2012,39(6):90-92.

[24] 王勇,王泽宁,卢祁,等.煤与瓦斯突出机理研究新进展[J].山东工业技术,2015,(23):61-62.

[25] 李国祯,李希建,刘玉玲,等.矿井瓦斯爆炸与预防[J].工业安全与环保,2011,37(6):36-38,50.

[26] 李风华.大型煤与瓦斯突出的瓦斯地质分析[J].煤炭技术,2015,34(12):121-123.

[27] 刘志伟.关于煤与瓦斯突出鉴定工作若干问题的分析及探讨[J].矿业安全与环保,2014,41(5):113-115,119.

[28] 苗法田,孙东玲,胡千庭,等.煤与瓦斯突出冲击波的形成机理[J].煤炭学报,2013,38(3):367-372.

[29] 段东.煤与瓦斯突出影响因素及微震前兆分析[D].沈阳:东北大学,2009.

[30] 于不凡.煤矿瓦斯灾害防治及利用技术手册[M].北京:煤炭工业出版社,2005.

[31] LAMA R D,BODZIONY J. Management of outburst in underground coal mines[J]. International Journal of Coal Geology,1998,(25):83-115.

[32] CAO YUNXING,HE DINGDONG,GLICK D C. Coal and gas outbursts in footwalls of reverse faults[J]. International Journal of Coal Geology,2001,(48):47-63.

[33] 霍多特 B B.煤与瓦斯突出机理[M].宋世钊,王佑安,译.北京:中国工业出版社,1966:3-16.

[34] KAREV V I,KOVALENKO Y F. Theoretical model of gas filtration in gassy coal seams[J]. Soviet Mining Science,1989,24(6):528-536.

[35] GRAY I. The mechanism of,and energy release associated with outbursts[C]//Symposium on Occurrence,Prediction and Control of Outbursts in Coal Mines. Aust. Inst. Min. Metall,Melbourne,1980:111-125.

[36] PATERSON L. A model for outburst in coal[J]. International Journal of Rock Mechanics and Mining Science,1986,(23):327-332.

[37] LITWINISZYN J. A model for the initiation of coal-gas outbursts[J]. International Journal of Rock Mechanics and Mining Science,1985,(22):39-46.

[38] 周世宁,孙辑正.煤层瓦斯流动理论及其应用[J].煤炭学报,1965,2(1):24-36.

[39] 周世宁.瓦斯在煤层中的流动机理[J].煤炭学报,1990,15(1):61-67.

[40] 周世宁,林伯泉.煤层瓦斯赋存及流动规律[M].北京:煤炭工业出版社,1998:14-16.

[41] 郑哲敏.从数量级和量纲分析看煤与瓦斯突出的机理[C]//煤与瓦斯突出机理和预测预报第三次科研工作及学术交流会议论文集,1983:3-11.

[42] 李中成.煤巷掘进工作面煤与瓦斯突出机理探讨[J].煤炭学报,1987,3(1):17-27.

[43] 谈庆明,俞善炳,朱怀,等.含瓦斯煤在突然卸压下的开裂破坏[J].煤炭学报,1997,22(5):514-518.

[44] 俞善炳.恒稳推进的煤与瓦斯突出[J].力学学报,1988,20(2):97-105.

[45] 余楚新,鲜学福.煤层瓦斯渗流有限元分析中的几个问题[J].重庆大学学报(自然科学版),1994,17(4):58-63.

[46] 张广洋,谭学术,鲜学福,等.煤层瓦斯运移的数学模型[J].重庆大学学报(自然科学版),1994,17(4):53-57.

[47] 李萍丰.浅谈煤与瓦斯突出机理的假说——二相流体假说[J].煤矿安全,1989,(11):29-35.

[48] 丁晓良,丁雁生,俞善炳.煤在瓦斯一维渗流作用下的初次破坏[J].力学学报,1990,22(2):154-162.

[49] 佩图霍夫 И M.预防冲击地压的理论与实践[C]//第22届国际采矿安全会议论文集.北京:煤炭工业出版社,1987.

[50] VALLIAPPAN S,ZHANG WOHUA. Numerical modeling of methane gas migration in dry coal seams[J]. Geomechanics Abstracts,1997,(1):10.

[51] DZIURZYNSKI W,KRACH A. Mathematical model of methane emission caused by a collapse of rock mass crump [J]. Archives of Mining Sciences,2001,46(4):433-449.

[52] 何学秋.含瓦斯煤的流变特性及其对煤与瓦斯突出的影响[D].徐州:中国矿业大学,1990.

[53] 周世宁,林柏泉.煤层瓦斯赋存与流动理论[M].北京:煤炭工业出版社,1992.

[54] 蒋承林,俞启香.煤与瓦斯突出的球壳失稳假说[J].煤矿安全,1995,(2):17-25.

[55] 吕绍林,何继善.关键层—应力墙瓦斯突出机理[J].重庆大学学报,1999,22(6):80-84.

[56] 章梦涛,潘一山,梁冰,等.煤岩流体力学[M].北京:科学出版社,1995:107-109,158-169.

[57] 赵阳升.煤体-瓦斯耦合数学模型与数值解法[J].岩石力学与工程学报,1994,(3):229-239.

[58] 刘建军,张盛宗,刘先贵,等.裂缝性低渗透油藏流-固耦合理论与数值模拟[J].力学学报,2002,34(5):779-784.

[59] 赵国景,步道远.煤与瓦斯突出的固-流两相介质力学理论及数值分析[J].工程力学,1995,12(2):1-7.

[60] 丁继辉,麻玉鹏,赵国景,等.煤与瓦斯突出的固-流耦合失稳理论及数值分析[J].工程力学,1999,16(4):47-56.

[61] 封富.地震与煤与瓦斯突出统一机理研究[D].阜新:辽宁工程技术大学,2003.

[62] 张国辉.煤层应力状态及煤与瓦斯突出防治研究[D].阜新:辽宁工程技术大学,2005.

[63] 张玉贵.构造煤演化与力化学作用[D].太原:太原理工大学,2006.

[64] 赵玉林.煤与瓦斯突出机理及防治技术研究[D].阜新:辽宁工程技术大学,2007.

[65] 郭德勇.煤与瓦斯突出的构造物理环境及其应用[J].北京科技大学学报,2002,24(6):581-592.

[66] 马中飞,俞启香.煤与瓦斯承压散体失控突出机理的初步研究[J].煤炭学报,2006,31
    (3):329-333.

[67] 韩军.向斜构造煤与瓦斯突出机理探讨[J].煤炭学报,2008,33(8):908-913.

[68] 颜爱华,徐涛.煤与瓦斯突出的物理模拟与数值模拟研究[J].中国安全科学学报,
    2008,18(9):37-42.

[69] 唐春安,刘红元,刘建新.瓦斯突出过程的数值模拟研究[J].煤炭学报,2000,25(5):
    501-505.

[70] 徐涛,唐春安,宋力,等.含瓦斯煤岩破裂过程流固耦合数值模拟[J].岩石力学与工程
    学报,2005,24(10):1667-1672.

[71] 煤炭工业部.防治煤与瓦斯突出细则[M].北京:煤炭工业出版社,1995.

[72] 撒占友,何学秋,王恩元.煤岩流变电磁辐射效应及突出预测[M].北京:煤炭工业出版
    社,2006.

[73] 聂百胜,何学秋,王恩元,等.煤与瓦斯突出预测技术研究现状及发展趋势[J].中国安
    全科学学报,2003,13(6):40-43.

[74] 孙忠强,苏昭桂,张金锋.煤与瓦斯突出预测预报技术研究现状及发展趋势[J].能源技
    术与管理,2008,(2):56-57.

[75] 杨羽,陈长华,李春财.煤与瓦斯突出预测及防治措施[J].辽宁工程技术大学学报,
    2010,29(5 增):5-7.

[76] 彭立世.用地质观点进行煤与瓦斯突出预测[J].煤矿安全,1985,(12):6-11.

[77] 杨陆武,彭立世,曹运兴.应用瓦斯地质单元法预测煤与瓦斯突出[J].中国地质灾害与
    防治学报,1997,8(3):21-26.

[78] 张宏伟,陈学华,王魁军.地层结构的应力分区与煤瓦斯突出预测分析[J].岩石力学与
    工程学报,2000,19(4):464-466.

[79] 郭德勇,韩德馨,张建国.平顶山矿区构造煤分布规律及成因研究[J].煤炭学报,2003,
    13(6):249-253.

[80] 埃克尔 H,卡藤贝格 H I.利用通风监测技术预报煤与瓦斯突出[J].煤炭工程师,1990,
    (4):51-56.

[81] 苏文叔.利用瓦斯涌出动态指标预测煤与瓦斯突出[J].煤炭工程师,1996,(5):1-7.

[82] 卢欣祥.河南省秦岭—大别山地区燕山期中酸性小岩体的基本地质特征及成矿专属性
    [J].河南地质,1983,1(1):49-55.

[83] 彭苏萍.不同结构类型煤体地球物理特征差异分析和纵横波联合识别与预测方法研究
    [J].地质学报,2008,82(10):1311-1322.

[84] FRID V I.Electromagnetic radiation method for rock and gas outburst forecast[J].
    Journal of Applied Geophysics,1997,38(2):97-104.

[85] 何学秋,聂百胜,王恩元,等.矿井煤岩动力灾害电磁辐射预警技术[J].煤炭学报,
    2007,32(1):56-59.

[86] 王恩元,何学秋,聂百胜,等.电磁辐射法预测煤与瓦斯突出原理[J].中国矿业大学学
    报,2000,29(3):225-229.

[87] 王恩元,何学秋,窦林名,等.煤矿采掘过程中煤岩体电磁辐射特征及应用[J].地球物

理学报,2005,48(1):216-221.

[88] 秦汝祥.煤与瓦斯突出预报研究现状综述[J].能源技术与管理,2005(1):7-9.

[89] 石显鑫,蔡栓荣,冯宏,等.利用声发射技术预测预报煤与瓦斯突出[J].煤田地质与勘探,1998,26(3):60-65.

[90] 李春辉,陈日辉,苏恒瑜.BP神经网络在煤与瓦斯突出预测中的应用[J].矿冶,2010,19(3):21-23.

[91] 王灿召.灰色系统理论在煤与瓦斯突出预测中的应用研究[D].太原:太原理工大学,2010.

[92] 高庆华,王福忠,杨凌霄.瓦斯突出预测中的信息融合结构研究[J].煤矿现代化,2006,26(2):27-28.

[93] 谭云亮,肖亚勋,孙伟芳.煤与瓦斯突出自适应小波基神经网络辨识和预测模型[J].岩石力学与工程学报,2007,26(1增):3373-3377.

[94] 孙斌.基于危险源理论的煤矿瓦斯事故风险评价研究[D].西安:西安科技大学,2003.

[95] 何俊,刘明举,聂百胜.井田突出危险性分形预测研究[J].河南理工大学学报,2005,24(4):255-258.

[96] 肖福坤,秦宪礼,张娟霞,等.煤与瓦斯突出过程的突变分析[J].辽宁工程技术大学学报,2004,23(4):442-444.

[97] 张银平.岩体声发射与微震监测定位技术及其应用[J].工程爆破,2002,8(1):58-61.

[98] COOK N G W. The application of seismic techniques to problems in rock mechanics [J]. International Journal of Rock Mechanics and Mining Science,1964,(1):169-179.

[99] 微地震监测技术[EB/OL].(2010-07-05)[2010-12-15].http://baike.baidu.com/view/1162.htm.

[100] 李世愚,和雪松,张少泉,等.矿山地震监测技术的进展及最新成果[J].地球物理学进展,2004,19(4):853-859.

[101] 张少泉,张诚,修济刚,等.矿山地震研究评述[J].地球物理学进展,1993,8(3):69-85.

[102] 郑治真,刘万琴,陆其鹄,等.公里尺度地球物理实验、观测和研究[R],1995.

[103] 李世愚,腾春凯,刘晓红,等.1999年度中俄合作岩石破裂实验研究[J].国际地震动态,2000,(3):1-3.

[104] 薛冠群,谢晋珠.用地音和瓦斯监测预警突出的尝试[J].煤矿安全,1995,(2):40-42.

[105] 李庶林,尹贤刚,郑文达,等.凡口铅锌矿多通道微震监测系统及其应用研究[J].岩石力学与工程学报,2005,24(12):2048-2053.

[106] 姜福兴.采场覆岩空间破裂与采动应力场的微震探测研究[J].岩土工程学报,2003,25(1):23-25.

[107] 窦林名,何学秋.煤矿冲击矿压的分级预测研究[J].中国矿业大学学报,2007,36(6):717-722.

[108] 唐礼忠,杨承祥,潘长良.大规模深井开采微震监测系统站网布置优化[J].岩石力学与工程学报,2006,25(10):2036-2042.

[109] 马克,唐春安,李连崇,等.基于微震监测与数值模拟的大岗山右岸边坡抗剪洞加固效

果分析[J].岩石力学与工程学报,2013,32(6):1239-1247.

[110] 刘超,唐春安,张省军,等.微震监测系统在张马屯帷幕区域的应用研究[J].采矿与安全工程学报,2009,26(3):349-353.

[111] 刘超,唐春安,李连崇,等.基于背景应力场与微震活动性的注浆帷幕突水危险性评价[J].岩石力学与工程学报,2009,28(2):366-372.

[112] 于群,唐春安,李连崇,等.深埋硬岩隧洞微震监测及微震活动特征分析[J].哈尔滨工程大学学报,2015,36(11):1465-1470.

[113] 唐春安.岩爆及其微震监测预报——可行性与初步实践[J].岩石力学与工程学会《通讯》"专家论坛",2010,89(1):43-55.

[114] 高保彬.采动煤岩裂隙演化及其透气性能试验研究[D].北京:北京交通大学,2010.

[115] KELLER J U. Determination of absolution gas adsorption isotherms by combined calorimetric and dielectric measurements[J]. Adsorption,2003,9(2):177-188.

[116] 韩光,孙志文,董蕴晰.煤与瓦斯突出固气祸合方法研究[J].辽宁工程技术大学学报,2005,24(4):20-22.

[117] 李中锋.煤与瓦斯突出机理及其发生条件评述[J].煤炭科学技术,1997,25(4):44-47.

[118] 段东,唐春安,李连崇,等.煤和瓦斯突出过程中地应力作用机理[J].东北大学学报,2009,30(9):1326-1329.

[119] 景国勋,张强.煤与瓦斯突出过程中瓦斯作用的研究[J].煤炭学报,2005,30(2):169-171.

[120] 赵旭生,邹云龙.近两年我国煤与瓦斯突出事故原因分析及对策[J].矿业安全与环保,2010,37(1):84-86.

[121] 黄旭超,孟贤正,何清,等.深部矿井开采煤与瓦斯突出导突因素探讨[J].矿业安全与环保,2009,36(3):72-74.

[122] 胡千庭.煤与瓦斯突出的力学作用机理及应用研究[D].北京:中国矿业大学(北京),2007.

[123] 于不凡.煤和瓦斯突出机理[M].北京:煤炭工业出版社,1985.

[124] 胡千庭,周世宁,周心权.煤与瓦斯突出过程的力学作用机理[J].煤炭学报,2008,33(12):1368-1372.

[125] 蒋承林,俞启香.煤与瓦斯突出过程中能量耗散规律的研究[J].煤炭学报,1996,21(2):173-178.

[126] 周世宁.瓦斯在煤层中流动的机理[J].煤炭学报,1990,15(1):15-24.

[127] 张国枢.通风安全学[M].徐州:中国矿业大学出版社,2000:15-60.

[128] 程远平,俞启香,袁亮,等.煤与远程卸压瓦斯安全高效共采试验研究[J].中国矿业大学学报,2004,33(2):132-136.

[129] VALLIAPPAN S,ZHANG W H. Numerical modeling of methane gas migration in dry coal seams[J]. International Journal for Numerical and Analytical Methods in Geomechanics,1996,20(8):571-593.

[130] 曾亚武,杨建,刘继国.轴对称压缩条件下岩石局部化剪切带数值模拟[J].岩石力学

与工程学报,2006,25(2 增):3953-3958.

[131] 唐春安,费鸿禄,徐小荷.系统科学在岩石破裂失稳研究中的应用(一)[J].东北大学学报,1994,15(1):24-29.

[132] 赵兴东.基于声发射监测及应力场分析的岩石失稳机理研究[D].沈阳:东北大学,2006.

[133] 李银平,曾静,陈龙珠,等.含预制裂隙大理岩破坏过程声发射特征研究[J].地下空间,2004,24(3):290-293.

[134] 赵兴东,杨素俊,徐世达,等.基于声发射监测的巴西盘试样破裂过程[J].东北大学学报(自然科学版),2010,31(8):1182-1186.

[135] 李元辉,刘建坡,赵兴东,等.岩石破裂过程中的声发射 b 值及分形特征研究[J].岩土力学,2009,30(9):2509-2563.

[136] 王恩元,何学秋,刘贞堂,等.煤体破裂声发射的频谱特征研究[J].煤炭学报,2004,29(3):289-292.

[137] MOGI K. Earthquake Prediction[M]. Academic Press, Harcourt Brace Jovanovich, Tokyo,1985:32-57.

[138] 孙吉主,周健,唐春安.岩石破裂失稳的前兆规律研究[J].同济大学学报,1997,25(6):734-738.

[139] 耿乃光,陈颙,姚孝新.应力途径和破裂前兆[J].地震学报,1980,2(3):121-127.

[140] 陈颙,阎虹.实验室中岩石破裂的变形前兆[J].地球物理学报,1989,32(1):346-251.

[141] 张国民,傅征祥.由岩体失稳讨论地震前兆的复杂性[J].地震研究,1990,13(3):215-221.

[142] 孙吉主,周健,唐春安."弹性回跳"前的微破裂活动与变形序列[J].地震研究,1997,20(4):410-416.

[143] 王振,胡千庭.掘进工作面煤岩失稳的动态分析及能量判据[J].煤矿安全,2009,40(11):1-4.

[144] 姜福兴,XUN LUO,杨淑华.采场覆岩空间破裂与采动应力场的微震探测研究[J].岩土工程学报,2003,25(1):23-25.

[145] 刘京红,姜耀东,赵毅鑫.声发射及 CT 在煤岩体裂纹扩展实验中的应用进展[J].金属矿山,2008,388(10):13-15.

[146] 邹银辉.煤岩体声发射传播机理研究[D].青岛:山东科技大学,2007.

[147] SHEARER P M. Introduction to Seismology[M]. Cambridge:Cambridge University Press,1999.

[148] 秦四清.岩石声发射技术及应用[D].沈阳:东北大学,1992.

[149] 纪洪广.混凝土材料声发射性能研究与应用[M].北京:煤炭工业出版社,2003.

[150] 谭峰屹.钙质砂声发射试验研究[D].武汉:中国科学院武汉岩土力学研究所,2007.

[151] VOLKER OYE,MICHAEL ROTH. Automated seismic event location forhydrocarbon reservoirs [J]. Computers & Geosciences,2003,29(7):851-863.

[152] KIJKO A,SCIOCATTI M. Optimal spatial distribution of seismic stations in mines [J]. International Journal of Rock Mechanics and Mining Sciences,1995,32(6):607-

615.

[153] KIJKO A. An algorithm for the optimum distribution of a regional seismic network [J]. Pure and Applied Geophysics,1977,115(4):999-1009.

[154] GIBOWICZ S J,KIJKO A. An Introduction to Mining Seismology[M]. New York: Academic Press,1994.

[155] VAN ASWEGEN G,BUTLER A. Applications of quantitative seismology in SA Gold Mines:Proceedings of the 3rd International Symposium on Rockburst and Seismicity in Mines[C]. Kingston:A. A. Balkerma,1993. 261-266.

[156] 胡静云,林峰,彭府华,等.香炉山钨矿残采区地压灾害微震监测技术应用分析[J].中国地质灾害与防治学报,2010,21(4):109-115.

[157] 唐礼忠,杨承祥,潘长良.大规模深井开采微震监测系统站网布置优化[J].岩石力学与工程学报,2006,25(10):2036-2042.

[158] 牟宗龙,窦林名,巩思园,等.矿井 SOS 微震监测网络优化设计及震源定位误差数值分析[J].煤矿开采,2009,14(3):8-12.

[159] 于承峰.基于微震监测技术的注浆帷幕区稳定性研究[D].沈阳:东北大学,2008.

[160] GENDZWILL D J,PRUGGER A F. Algorithms for microearthquake locations[C]// Proc. 4th Symp. On Acoustic Emissions and Microseismicity. Pennsylvania:Penn State University,College Park,1985.

[161] 袁瑞甫.岩石破裂过程中的声发射分布规律及其分形特征[D].沈阳:东北大学,2007.

[162] 林峰,李庶林,薛云亮,等.基于不同初值的微震源定位方法[J].岩石力学与工程学报,2010,29(5):996-1002.

[163] 康玉梅,刘建坡,李海滨,等.一类基于最小二乘法的声发射源组合定位算法[J].东北大学学报(自然科学版),2010,31(11):1648-1656.

[164] NELSON G D,VIDALE J E. Earthquake locations by 3D finite difference travel times[J]. Bulletin of the Seismological Society of America,1990,80(2):395-410.

[165] CROSSON R S. Crustal structure modeling of earthquake data 1,simultaneous least squares estimation of hypocenter and velocity parameters[J]. Journal of Geophysical Research,1976,81(17):3036-3046.

[166] PAVLIS G,BOOKER J R. The mixed discrete-continuous inverse problem:application of the simultaneous determination of earthquake hypocenters and velocity structure[J]. Journal of Geophysical Research,1980,85(9):4801-4810.

[167] 赵仲和.北京地区地震参数与速度结构的联合测定[J].地球物理学报,1983,26(2):131-139.

[168] 陈炳瑞,冯夏庭,李庶林,等.基于粒子群算法的岩体微震源分层定位方法[J].岩石力学与工程学报,2009,28(4):740-749.

[169] MILKEREIT B,BOHLEN T,ADAM E,et al. Reservoir imaging monitoring:A modeling study[C]//EAGE 64th Conference & Exhibition,Florence. Italy,2002:27-30.

[170] LINVILLE A F,MEEK R A. A procedure for optimally removing localized coherent

noise [J]. Geophysics,1995,60(1):191-203.

[171] 朱卫星.相关滤波在微地震数据处理中的应用[J].勘探地球物理进展,2007,30(2):130-134.

[172] 许大为,潘一山,李国臻,等.基于小波变换的矿山微震信号滤波方法研究[J].地质灾害与环境保护,2008,19(3):74-77.

[173] 陆菜平,窦林名,吴兴荣,等.岩体微震监测的频谱分析与信号识别[J].岩土工程学报,2005,27(7):772-775.

[174] 王继,陈九辉.应用人工神经元网络方法自动检测地震事件[J].地震地磁观测与研究,2008,29(3):41-45.

[175] 杨光亮,朱元清,于海英.基于 HHT 的地震信号自动去噪算法[J].大地测量与地球动力学,2010,30(3):39-42.

[176] 宋维琪,何欣,吕世超.应用卡尔曼滤波识别微地震信号[J].石油地球物理勘,2009,44(1)增:34-38.

[177] 罗俊海,李录明,叶丹霞,等.基于改进的 RBF 模糊神经网络滤波的噪声消除[J].系统仿真学报,2007,19(21):4918-4921.

[178] 朱卫星,宋洪亮,曹自强,等.自适应极化滤波在微地震信号处理中的应用[J].勘探地球物理进展,2010,33(5):367-371.

[179] 高淑芳,李山有,武东坡,等.一种改进的 STA/LTA 震相自动识别方法[J].世界地震工程,2008,24(2):37-41.

[180] 许亮华,郭永刚,张进.数字强震监测系统中触发、记录方法[J].水电自动化与大坝监测,2007,31(3):50-52.

[181] 周彦文,刘希强.初至震相自动识别方法研究与发展趋势[J].华北地震科学,2007,25(4):18-22.

[182] 王栓林.煤与瓦斯突出危险性实时跟踪预测技术研究[D].西安:西安科技大学,2009.

[183] 于警伟,王兆丰,许彦鹏,等.松软煤层巷道掘进快速消突技术应用研究[J].河南理工大学学报(自然科学版),2009,28(5):557-570.

[184] 中国矿业大学,淮南矿业集团.深井高地压煤巷围岩控制技术方案及参数初步设计[R],2007.

[185] 孟贤正,王君得.钻屑量指标预测综采面煤突出危险性研究[J].陕西煤炭,2003,(4):20-23.

[186] 国家煤矿安全监察局.防治煤与瓦斯突出细则[M].北京:煤炭工业出版社,2005.

[187] 钱鸣高,石平五.矿山压力与岩层控制[M].徐州:中国矿业大学出版社,2003.

[188] 潘一山,王来贵,章梦涛,等.断层冲击地压发生的理论与试验研究[J].岩石力学与工程学报,1998,17(6):642-649.

[189] 李志华.采动影响下断层滑移诱发煤岩冲击机理研究[D].徐州:中国矿业大学,2009.

[190] 张明伟,窦林名,王占成,等.深井巷道过断层群期间微震规律分析[J].煤炭科学技术,2010,38(5):9-12.

[191] 刘昭伦.地质构造对煤与瓦斯突出的控制作用[J].科技资讯,2006,(8):219-220.

[192] 程伟.煤与瓦斯突出危险性预测及防治技术[M].徐州:中国矿业大学出版社,2003.

[193] 管恩太.河南省煤矿开采水害综合控制技术研究[M].北京:地质出版社,2006.

[194] 韩习运.三维地震勘探技术在地质补充勘探中的应用[J].中州煤炭,2009,161(5):63-66.

[195] 李新安.高分辨率地震技术在宁东煤田构造勘查中的应用[J].中国煤炭地质,2009,21(7):57-61.

[196] 武学明,邓洪亮.三维地震在煤矿隐伏断层探测中的应用[J].中国煤炭地质,2008,20(9增):67-69.

[197] 毛惠庚.二维地震勘探在新疆准东煤田普查中的应用[J].科技信息,2010,(3):31-33.

[198] 缪卫东,周国兴,冯金顺,等.二维地震勘探方法在南通区调工作中的应用[J].地震地质,2010,32(3):520-531.

[199] 陈继刚,王广帅,王刚,等.综放采空区瓦斯抽采技术研究[J].煤炭工程,2014,46(1):66-67.

[200] 黄敬恩,程志恒,齐庆新,等.近距离高瓦斯煤层群采动裂隙带瓦斯抽采技术[J].煤炭科学技术,2014,(8):38-41.

[201] 俞启香.矿井瓦斯防治[M].徐州:中国矿业大学出版社,1992:66-68.

[202] 何学秋,聂百胜,王恩元,等.矿井煤岩动力灾害电磁辐射预警技术[J].煤炭学报,2007,32(1):56-59.

[203] 煤炭科学院北京开采所.煤矿地表移动与覆岩破断规律及其应用[M].北京:煤炭工业出版社,1981.

[204] 钱鸣高,缪协兴,许家林.岩层控制中的关键层理论研究[J].煤炭学报,1996,21(3):225-230.

[205] WANG L G,MIU X X,WU Y,et al. Discrimination conditions and process of water-resistant key strata[J]. Mining Science and Technology,2010,20(2):224-229.

[206] LIU H Y,CHENG Y P,ZHOU H X,et al. Fissure evolution and evaluation of pressure-relief gas drainage in the exploitation of super-remote protected seams[J]. Mining Science and Technology,2010,20(2):178-182.

[207] PENG S S,CHIANG H S. Long Wall Mining[M]. New York:Wiley,1984:708.

[208] BAI M,ELSWORTH D. Some aspects of mining under aquifers in China[J]. Mining Science and Technology,1990,10(1):81-91.

[209] YAVUZ H. An estimation method for cover pressure re-establishment distance and pressure distribution in the goaf of long wall coal mines[J]. International Journal of Rock Mechanics & Mining Sciences,2004,(41):193-205.

[210] 刘天泉.矿山岩体采动影响与控制工程学及其应用[J].煤炭学报,1995,20(1):1-5.

[211] 焉德斌,秦玉金,姜文忠.采场上覆岩层破坏高度主控因素[J].煤矿安全,2008,39(4):84-86.

[212] 刘保卫.采场上覆岩层"三带"高度与岩性的关系[J].煤炭技术,2009,28(8):56-57.

[213] 王云龙.深井煤层开采"三带"高度与近距离煤层顶板水关系的研究[J].山东煤炭科技,2004,(1):55-56.

[214] 高保彬.采动煤岩裂隙演化及其透气性能试验研究[D].北京:北京交通大学,2010.

[215] 许林根.岩层移动与控制的关键层理论及其应用[D].徐州:中国矿业大学,1999.

[216] 钱鸣高,缪协兴,许家林,等.岩层控制的关键层理论[M].徐州:中国矿业大学出版社,2000.

[217] 许家林,钱鸣高.覆岩采动裂隙分布特征的研究[J].矿山压力与顶板管理,1997,(3,4):210-212.

[218] 许家林,钱鸣高.覆岩注浆减沉钻孔布置的研究[J].中国矿业大学学报,1998,27(3):276-279.

[219] 钱鸣高,许家林.覆岩采动裂隙分布的"O"形圈特征研究[J].煤炭学报,1998,23(5):466-469.

[220] 唐春安,刘红元.石门揭煤突出过程的数值模拟研究[J].岩石力学与工程学报,2002,21(10):1467-1472.

[221] 余国锋,薛俊华,袁瑞甫.远距离保护层开采卸压机理数值模拟分析[J].煤矿安全,2007,(11):5-8.

[222] LIU W Q,ZHU L. Mode-I-crack compression modeling and numerical simulation for evaluation of in-situ stress around advancing coal workface[J]. Mining Science and Technology,2009,19(5):569-573.

[223] 徐永福.岩石力学中的分形几何[J].水利水电科技进展,1995,15(6):15-20.

[224] 谢和平.分形—岩石力学导论[M].北京:科学出版社,1996.

[225] 胡海浪,方涛,李孝平,等.分形理论在岩土工程中的应用[J].采矿技术,2006,6(4):71-73.

[226] 陆冰洋.岩石类材料损伤演化的分形几何行为特征及其分形机理研究[D].贵阳:贵州大学,2007.

[227] 于广明,谢和平,张玉卓,等.节理岩体采动沉陷实验及损伤力学分析[J].岩石力学与工程学报,1998,17(1):16-23.

[228] YU GUANMING,XIE HEPING,ZHAN JIANFENG,et al. Eractal evolution of a crack network in overburden rock stratum[J]. Discrete Dynamics in nature and Soeiety,1998,35(8):1107-1111.

[229] 梁正召.三维条件下的岩石破裂过程分析及其数值试验方法研究[D].沈阳:东北大学,2005.

[230] 高峰.顶板诱导崩落机理及次生灾变链式效应控制研究[D].长沙:中南大学,2009.

[231] 陈洪凯,祝江林,张永兴,等.三峡工程永久船闸断裂构造分布的分形特性及其意义[J].重庆交通学院学报,1996,(15 增):14-18.

[232] 王志国,周宏伟,谢和平.深部开采上覆岩层采动裂隙网络演化的分形特征研究[J].岩石力学,2009,30(8):2403-2408.

[233] 刘秀英.采空区上覆岩体裂隙分形规律的实验研究[J].太原科技大学学报,2009,30(5):428-431.

[234] 袁亮.低透气性煤层群无煤柱煤气共采理论与实践[M].北京:煤炭工业出版社,2008.

[235] 刘向红,刘盛东,胡彩春.原位探测技术在覆岩破坏监测中的应用[J].煤炭科技,
2009,(1):44-46.

[236] 钱鸣高,刘听成.矿山压力及其控制[M].北京:煤炭工业出版社,1996.

[237] 袁亮,刘泽功.淮南矿区开采煤层顶板抽放瓦斯技术的研究[J].煤炭学报,2003,28
(2):149-152.

[238] 刘世通.辛置煤矿水力压裂卸压增透影响半径数值模拟研究[J].中国安全生产科学
技术,2013,9(2):44-48.

[239] 林柏泉,李子文,翟成,等.高压脉动水力压裂卸压增透技术及应用[J].采矿与安全工
程学报,2011,28(3):452-455.

[240] 杨宏伟.低透气性煤层井下分段点式水力压裂增透[J].北京科技大学学报,2012,34
(11):1235-1239.

[241] 杨恒,马耕.新田煤矿水力压裂增透技术试验[J].煤炭技术,2015,34(9):163-164.

[242] 郭国谊,张如华.煤矿水力压裂装备研发及应用[J].煤炭技术,2015,34(12):32-34.

[243] 王振平,吴林峰,陈军伟,等.水力压裂增透技术在顾桥煤矿的应用[J].煤炭技术,
2014,33(10):3-5.

[244] 李宝发,梁文勖,胡高建,等.水力压裂增透技术在兴安煤矿的应用[J].煤矿安全,
2015,46(7):159-162.

[245] 郭启文,韩炜,张文勇,等.煤矿井下水力压裂增透抽采机理及应用研究[J].煤炭科学
技术,2011,39(12):60-64.

[246] 徐幼平,林柏泉,翟成,等.定向水力压裂裂隙扩展动态特征分析及其应用[J].中国安
全科学学报,2011,21(7):104-110.

[247] 张有狮.煤矿井下水力压裂技术研究进展及展望[J].煤矿安全,2012,43(12):163-
165,172.

[248] 闫金鹏,刘泽功,姜秀雷,等.高瓦斯低透气性煤层水力压裂数值模拟研究[J].中国安
全生产科学技术,2013,9(8):27-32.

[249] 覃道雄,朱红青,张民波,等.煤层水力压裂增透技术研究与应用[J].煤炭科学技术,
2013,41(5):79-81,85.

[250] 宋元明.快速钻孔技术在煤矿应急救援中的实践[J].中国安全科学学报,2004,14
(6):63-65.

[251] 周心权.从救灾决策两难性探讨矿井应急救援决策过程[J].煤炭科学技术,2005,33
(1):1-3.

[252] 李善绪.21世纪井下安全系统展望[J].矿山机械,2001,29(7):6-7.

[253] 肖丽萍.材料非均匀性对岩块极限承载能力的影响[J].辽宁工程技术大学学报,
2007,26(2):210-212.

[254] 尹贤刚.声发射技术在岩土工程中的应用[J].采矿技术,2002,2(4):39-42.

[255] 黄胜全.声发射技术在预测预报煤与瓦斯突出方面的研究[J].矿山机械,2006,34
(3):28-29.

[256] 张宏伟,李胜,陈学华.GIS技术在瓦斯动力灾害预测中的应用[J].安全与环境学报,
2002,2(1):44-46.

[257] 叶晨成,校景中,肖丽.基于 RFID 的井下人员定位系统[J].武汉理工大学学报,2010,32(15):146-149.

[258] 贾建华,桑玲玲.GIS 系统在矿井救援机器人中的设计与应用[J].西安科技大学学报,2008,28(4):711-715.

[259] 贾建华,张静.基于 GIS 的矿井救援机器人定位导航研究[J].煤炭科学技术,2010,38(5):76-79.

[260] 刘超,唐春安,张省军,等.微震监测系统在矿山灾害救援中应用[J].辽宁工程技术大学学报,2009,28(6):929-932.

[261] 王刚.矿井灾害预警救援与环境预测一体化系统设计[J].工矿自动化,2012,6(6):32-35.

[262] 高蕊,蒋仲安,董枫,等.矿井灾害可视化应急救援系统的研究与应用[J].煤炭工程,2007,6(4):108-110.

[263] 周心权,朱红青.从救灾决策两难性探讨矿井应急救援决策过程[J].煤炭科学技术,2005,33(1):1-4.

[264] 周革忠.回采工作面瓦斯涌出量预测的神经网络方法[J].中国安全科学学报,2004,14(10):18-21.